AF592474

THÈSE AGRICOLE

4° S
3491

SI J'ÉTAIS AGRICULTEUR
au
DOMAINE DE L'ÉCUBILLON
(Haute-Vienne)

BIBLIOTHÈQUE ... B F

THÈSE AGRICOLE
SOUTENUE EN JUILLET 1926
A L'INSTITUT AGRICOLE DE BEAUVAIS
DEVANT MESSIEURS LES DÉLÉGUÉS
DE LA SOCIÉTÉ DES AGRICULTEURS DE FRANCE
PAR

F. MORGAT

BEAUVAIS
IMPRIMERIE DÉPARTEMENTALE DE L'OISE
26, rue de Malherbe, 26

1926

A MES CHERS PARENTS

Je voudrais que ce travail soit, pour eux, tout ensemble, le gage de mon affection profonde et de ma gratitude filiale.

AVANT-PROPOS

A une époque où la crise de la main-d'œuvre est un véritable fléau pour les grandes exploitations, les agriculteurs limousins, toujours fidèlement servis par leurs métayers, se croyaient à l'abri de ce danger. Malheureusement, nous devons le constater, leurs espoirs étaient chimériques et la crise qui devient le tourment du faire-valoir direct ne devait pas épargner nos domaines limousins.

Le mouvement d'exode vers la ville et la diminution de la natalité sont venus frapper les familles de nos métayers et, comme dans toute la France, sont la cause du manque de main-d'œuvre dont souffre actuellement le monde agricole.

Le recrutement des colons devient de plus en plus difficile et leurs exigences sont extraordinaires.

Le Syndicat des Agriculteurs de la Haute-Vienne avait pensé résoudre cette question en faisant venir comme métayers des familles d'étrangers ; mais les expériences faites n'ont pas donné assez de satisfaction pour que l'on puisse continuer dans cette voie.

Le propriétaire limousin doit donc chercher un nouveau mode de faire-valoir, s'il ne veut pas voir ses terres rester en friche. Lequel aura ses préférences ? Nous estimons que le faire-valoir direct, malgré la crise actuelle de la main-d'œuvre, est celui qui pourra nous donner les meilleurs résultats. En effet, il nous sera plus facile, avec ce mode d'exploitation, de faire appel à la main-d'œuvre étrangère. Cependant, l'application du faire-valoir direct en Limousin est rendue difficile par le morcellement de la propriété. Le remède à cette situation réside dans le remembrement.

Au cours de ce travail, nous nous proposons d'étudier le domaine de l'Ecubillon, qui peut être considéré comme le type de l'exploitation limousine. Cette terre, livrée au métayage, n'a pas eu jusqu'ici à souffrir du manque de main-d'œuvre. Mais ignorant ce que peut réserver l'avenir, nous ne croyons pas inutile de chercher dès maintenant comment, en l'absence de métayers, le propriétaire pourrait assurer l'exploitation rémunératrice de cette ferme.

F. M.

Première Partie

Généralités sur le Limousin

I. — Aspect du pays

Le département de la Haute-Vienne, qui occupe les premiers étages du Plateau Central, se rattache à la Creuse et à la Corrèze par sa région plus montagneuse de l'est. Sa superficie est de 551.658 hectares ; sous le rapport de l'étendue, il est le soixante-deuxième département français.

C'est un plateau accidenté, présentant de nombreuses collines, et dont l'altitude s'élève graduellement de l'ouest à l'est. De multiples vallées étroites sillonnent le pays en différents endroits.

Alors que les cimes des coteaux sont souvent âpres et stériles, recouvertes par de la bruyère, des ajoncs et des genêts, les vallées sont fraîches et fertiles.

L'humidité fournie à celles-ci par des cours d'eau ou même par de très petits ruisseaux, a permis la création de prairies naturelles très fertiles.

A mi-côte, on trouve des terres de culture entremêlées de bois de chênes et de châtaigniers. Terres et prairies sont entourées de haies vives qui donnent au pays un aspect pittoresque et bocager.

La désagrégation des granits, des gneiss, des micaschistes et des porphyres a permis la formation de nos terres de culture. Suivant la prédominance de certains des éléments constitutifs de ces roches, le sol est plus ou moins léger ou compact. Il peut, en général, être rattaché au type silico-argileux. Ces sols ne sont pas doués d'une aussi grande fertilité que les régions limoneuses et riches du nord de la France ; mais, de là, il ne faudrait pas conclure à leur aridité complète, comme on l'a fait trop souvent. Avec des engrais et de bonnes façons culturales, nos terres peuvent donner des cultures avantageuses, comme nous le verrons plus loin dans l'étude du domaine de l'Ecubillon.

Le fond des vallées, comblé par des alluvions descendues des versants, est presque toujours riche et favorable à l'élevage, grâce aux prairies naturelles établies.

Ce pays ne manque pas de charme et de sites pittoresques, que la plume de George Sand n'a pas dédaignés et que les nombreux touristes savent bien apprécier.

II. — **Hydrographie**

Les rivières de la Haute-Vienne peuvent être divisées en trois bassins principaux :

1° Bassin de la Vienne,

2° Bassin de la Dordogne,

3° Bassin de la Charente.

1° *La Vienne* possède le bassin le plus important. Elle entre en Haute-Vienne à 547 mètres d'altitude, elle en sort pour traverser le département de la Charente.

Sur son parcours, elle reçoit :

1° La Nedde,
2° La Celle,
3° La Combade,
4° La Maulde,
5° Le Taurion,
6° Ruisseau du Palais,
7° La Briance,
8° L'Aixette,
9° La Glane,
10° La Gorre.

2° *Le bassin de la Dordogne* comprend les divers ruisseaux qui se jettent dans la Vezère, l'Isle et ses affluents, la Boucheuse et la Drôme.

3° *Au bassin de la Charente* se rattachent la Tardoire, le Trieux et le Baudiat.

Les étangs sont nombreux, mais de peu d'étendue.

Les deux principaux sont : celui de Cieux et celui de la Pouge (Saint-Auvent).

Comme on peut le constater, la Haute-Vienne est un pays très bien arrosé. Les sources y sont nombreuses, mais généralement peu abondantes, ce qui est l'un des caractères essentiels des pays granitiques.

III. — Climatologie

Le climat de la Haute-Vienne appartient au climat girondin, mais il devient continental au fur et à mesure que l'on va du sud-ouest au nord-ouest. Le climat de la ferme de l'Ecubillon est du type girondin. En effet, cette ferme étant située sur le flanc sud-ouest du Massif Central, il n'y a aucune montagne pour arrêter l'influence maritime. En sorte que dans la région de la ferme, le climat est relativement doux.

En Haute-Vienne, les hivers sont généralement longs, mais peu rigoureux. Les neiges sont peu abondantes, les gelées, quoique pas très fortes, sont souvent tardives. Le froid ne dépasse guère 10-14°, excepté dans la montagne. Les étés sont assez chauds.

Les pluies sont abondantes, mais régulièrement réparties. Les époques où l'eau tombe le plus abondamment sont l'automne (octobre) et le printemps (mars).

La hauteur des pluies tombées à Limoges est de 975 m/m ; à Rochechouart, 965 m/m.

IV. — Les Habitants

Le département de la Haute-Vienne comptait 60 habitants au km.² en 1902, mais ce chiffre s'abaisse rapidement par suite de la diminution des naissances et du départ des Limousins vers les grandes villes, où ils préfèrent exercer des métiers divers plutôt que de cultiver leur sol.

Le paysan limousin parle un patois propre à la région, dérivé de la langue d'oïl.

V. — Flore et Faune

La *flore* est composée par des plantes silicicoles. Elle est très variée, et c'est même un département des mieux dotés à ce point de vue.

La bruyère cendrée, le genêt, l'ajonc, la fougère, la ronce, le genévrier fournissent la végétation spontanée de la « lande » limousine.

Les bois sont composés de châtaigniers, chênes, bouleaux, hêtres, pins sylvestres, pins laricios. Ces bois sont exploités en taillis, taillis sous futaie, ou futaie.

Les prairies sont composées essentiellement de graminées et de quelques légumineuses ; on y trouve aussi des plantes nuisibles que nous citerons plus loin, dans l'étude des prairies naturelles.

Les champignons y sont représentés par de nombreuses espèces, tant comestibles que vénéneuses. Ils poussent surtout dans les landes et les châtaigneraies. Le plus estimé et le plus connu est le « cèpe de Bordeaux ».

La faune comprend :

Animaux : des rongeurs (lièvres et lapins), des carnassiers (renards). Nous trouvons des sangliers dans la majeure partie des régions boisées.

Oiseaux : la pie est très commune, ainsi que le geai. Il y a des perdrix rouges et grises, des alouettes, sansonnets, grives, merles. Les corbeaux et les pigeons ramiers sont rares et ne sont guère que des animaux de passage dans la région.

Les oiseaux aquatiques : râles de genêts, canards, vanneaux, bécassines, quelquefois des hérons qui émigrent donnent lieu à des passages importants.

VI. — L'Agriculture

La pauvreté du sol et le manque de voies de communication mettaient jadis le Limousin au rang des provinces les moins fertiles de France.

Arthur Young écrivait, à propos d'un voyage fait entre Bessines et Limoges : « Pas de trace d'habitation humaine : ni village, ni maison, ni halte, pas même une fumée indiquant la présence de l'homme, scène vraiment américaine où il ne manquait que le tomahawk du sauvage... »

Cette citation nous montre que le sol dépourvu de toutes ressources n'était même pas habité.

Turgot fut le bienfaiteur du Limousin : « A son arrivée, en 1761, cet habile administrateur trouva un pays pauvre, sans culture, sans commerce, sans routes, un sol ingrat dont les produits ne pouvaient suffire à acquitter les charges nombreuses dont étaient grevées les propriétés ». Le Limousin récoltait les châtaignes et cultivait le seigle, le sarrasin et la pomme de terre.

Les premières démarches pour le développement de la culture furent faites par Turgot, qui allégea les impôts. Peu à peu, le cultivateur trouvant quelques bénéfices dans la culture, l'intensifia ; si bien qu'en 1884, M. Barral a pu écrire : « L'agriculture limousine, naguère misérable et n'excitant que la pitié, est maintenant remarquable et digne d'être souvent prise en exemple. »

Depuis cette époque, les progrès ont toujours été croissants et se continuent heureusement encore de nos jours.

Les causes principales de ces améliorations ont été :

1° La création de voies de communication. Celles-ci ont permis l'apport de chaux et d'acide phosphorique, dont le sol manquait.

2° Avec la chaux, la culture du trèfle est devenue possible ; l'amélioration du sol a permis de remplacer le seigle par du froment dans bien des terres.

3° L'amélioration des prairies a permis l'entretien et la bonne nourriture du bétail.

4° Le défrichement des landes infertiles et des bois peu productifs a augmenté la surface cultivée et accru les ressources alimentaires et fourragères.

VII. — Elevage

Le Limousin possède un élevage superbe, et composé des espèces principales suivantes :

1° *Chevaux.* — Buffon place le cheval Limousin au premier rang des chevaux de selle français. De sang arabe, ce cheval était souple, docile ; c'était le cheval par excellence des routes accidentées et difficiles.

Par suite d'un élevage peu rémunérateur, cette spéculation a été presque abandonnée; la région du Dorat seule a conservé son élevage de chevaux, mais en vue de la production du demi-sang comme cheval de guerre.

2° *Bovins.* — La race Limousine, jadis peu précoce et de taille petite, a été l'objet de sérieuses améliorations, le jour où le cultivateur limousin a pu amender ses terres. Les bons effets de la sélection et de l'alimentation ont placé nos bovins au rang des meilleures races françaises, aussi bien pour la production de la viande que pour le travail.

3° *Ovins.* — L'élevage limousin possède une race ovine très appréciée sur le marché de la Villette, où les animaux sont vendus quelquefois en guise de moutons de pré-salé. Ces ovins constituent une race particulière dont la couleur varie depuis le noir pur jusqu'au blanc. Ils sont petits et près de terre.

Dans les meilleures fermes, les brebis saillies par des béliers Southdown donnent lieu à la spéculation de l'agneau blanc.

4° *Porcins.* — L'élevage du porc a toujours été beaucoup pratiqué en Limousin ; cependant, il tend à diminuer depuis la disparition du châtaignier, qui fournissait un fruit précieux pour l'engraissement de cet animal.

La race porcine Limousine est concentrée dans l'arrondissement de Saint-Yrieix, où elle a toujours dominé. Ce porc, un peu lent à venir, n'est pas élevé dans le reste du département.

L'arrondissement de Rochechouart élève la race Craonnaise, tandis que les régions de Limoges et de Bellac préfèrent le Yorkshire.

Ces deux dernières races sont douées d'une plus grande précocité, avantage qu'on ne saurait trop rechercher de nos jours.

Cette étude rapide de la culture et de l'élevage en Limousin sera complétée par l'étude du domaine de l'Ecubillon.

Les spéculations végétales et animales de cette ferme nous donneront une plus juste idée de l'agriculture et de l'élevage en Limousin.

VIII. — **Industries et Commerce**

Le kaolin, exploité du sous-sol, aux environs de Saint-Yrieix et de Saint-Laurent-sur-Gorre, a permis le développement d'une industrie florissante : Limoges est universellement connu pour l'industrie de la porcelaine et des émaux. Les tanneries et usines de chaussures y sont importantes et nombreuses.

La fabrication du papier dans la vallée de la Vienne (entre Limoges et Saint-Junien) est une industrie fort prospère, qui utilise la paille de seigle de nos régions granitiques.

Saint-Junien s'occupe de la mégisserie, de la ganterie et de la confection des sacs en papier.

Saillat est un centre important pour la fabrication des boîtes d'allumettes. L'industrie des matières tannantes et colorantes s'y est développée depuis l'exploitation du « bois pelé » de châtaignier.

Les minoteries sont groupées dans la vallée de la Vienne, où la rivière fournit la force motrice à bon marché.

Les petites industries sont nombreuses et disséminées :

Rochechouart : briqueteries.

Lamonnerie (Oradour-sur-Vayres) : filatures.

La Rivière (Champagnac) : fabriques de pointes et de fil de fer.

En plus de la vente des produits de l'industrie et de l'agriculture, la Haute-Vienne possède un important commerce de transit entre la région parisienne et le sud et sud-ouest de la France.

IX. — Le Syndicat des Agriculteurs de la Haute-Vienne

En 1885, fut instituée entre les agriculteurs de la Haute-Vienne, une association ayant pour objet général l'étude et la défense des intérêts économiques agricoles.

Cette association est régie par les lois du 21 mars 1884 et du 12 mars 1920. Les agriculteurs et les syndicats agricoles des départements limitrophes peuvent être membres du Syndicat des Agriculteurs de la Haute-Vienne.

Cette association a surtout pour but l'achat en commun de toutes les matières premières utiles à l'agriculture (engrais, semences, machines, etc.), ainsi que la vente des produits provenant exclusivement des exploitations des membres du syndicat.

Le Syndicat s'efforce aussi d'éclairer les cultivateurs sur le choix des matières fertilisantes convenables suivant la nature du sol et les exigences diverses des cultures.

Pour faire partie du syndicat, il suffit de demander son inscription, à condition d'être agriculteur (propriétaire, fermier, colon exploitant ou exerçant une profession connexe à l'agriculture). La cotisation est de 3 francs par an.

Les agriculteurs du département ont nettement compris les avantages du syndicalisme, et tous ceux qui désirent la bonne marche de leurs exploitations agricoles ont adhéré à cette association.

Ce syndicat s'occupe actuellement de deux questions tout à fait prédominantes de nos jours :

1° La main-d'œuvre ;

2° La lutte contre la vie chère.

1° *La main-d'œuvre.* — Nous avons déjà exposé la crise que subit actuellement la main-d'œuvre agricole en Haute-Vienne. Pour y remédier, le Syndicat procure aux agriculteurs limousins, soit des métayers étrangers, soit des ouvriers pour le faire-valoir direct.

2° *La lutte contre la vie chère.* — Les coopératives installées au chef-lieu du département, et même dans certains centres, fournissent aux adhérents du Syndicat des produits alimentaires à des prix très avantageux.

X. — Herd Book Limousin

En même temps que la culture apportait aux espèces bovine, ovine et porcine Limousines, une meilleure nourriture, on créait un Herd-Book pour faciliter la sélection et l'amélioration de la race bovine.

La création de ce Herd-Book remonte à 1886. L'œuvre fut facilitée par la pureté remarquable de la race dans son ensemble. La Commission du Herd-Book se montra très sévère dans l'admission des animaux, et refusa tout sujet présentant des poils noirs ou des traces de pigmentation. Cette commission fut nommé ironiquement « Commission des nez noirs » ; mais elle n'a eu qu'à se louer de sa sévérité. On peut, en effet, dire, à juste titre, surtout pour la race bovine Limousine, qu'elle est le produit du Herd-Book et de l'alimentation rationnelle.

Tous les ans, dans chaque canton, il y a un concours où les possesseurs des meilleurs sujets sont récompensés par une Commission spéciale. Les animaux remarquables sont conduits au concours général qui se tient à Limoges le dernier mercredi d'avril. Pour conserver et développer les résultats déjà obtenus, le Herd-Book continue l'amélioration de notre belle race.

Deuxième Partie

LE DOMAINE DE L'ÉCUBILLON

SON EXPLOITATION ACTUELLE

CHAPITRE PREMIER

Généralités sur la Ferme

Situation

La ferme de l'Ecubillon et le domaine de la Tamanie vont être l'objet de cette étude. La majorité des terres du domaine de la Tamanie dépend de la commune de Champagnac. Le chef-lieu de canton est Oradour-sur-Vayres.

Les terres de culture du domaine de l'Ecubillon sont situées sur le flanc d'une colline exposé au sud-ouest; les prairies sont groupées dans la vallée de la « Vayres », ruisselet peu important encore, puisqu'il prend naissance dans la propriété même, mais fournissant assez de fraîcheur pour favoriser la production herbagère.

Les terres et prairies du domaine de la Tamanie sont situées dans la vallée de la « Tardoire ».

Voies de communication

I. *Ferme de l'Ecubillon.* — Cette ferme est située sur le chemin de grande communication allant de Saint-Laurent-sur-Gorre à Oradour-sur-Vayres. La gare la plus proche est celle d'Oradour-sur-Vayres, à 2 km. 500, qui permet l'arrivée et l'expédition des marchandises ; à 2 km. de la ferme, se trouve, à Pymoreau, une halte pour voyageurs.

II. *Le domaine de la Tamanie* utilise la gare de Champagnac, à 1 km., et celle d'Oradour-sur-Vayres, à 2 km. 500.

Les gares de Champagnac, Oradour-sur-Vayres et la halte de Pymoreau, sont sur la ligne transversale du P. O., allant de Bussière-Galant à Saillat-Chassenon. Ce tronçon a été créé pour raccorder les deux grandes lignes Limoges-Périgueux et Limoges-Angoulême.

Débouchés — Foires et Marchés

La question des débouchés, si pénible parfois pour certaines fermes, est facilitée par la quantité des centres voisins :

1° Oradour-sur-Vayres, à 2 km.

2° Saint-Laurent-sur-Gorre, à 7 km.

3° Vayres, à 10 km.

4° Saint-Mathieu, à 12 km.

5° Rochechouart, à 12 km.

6° Chalus, à 20 km.

7° Saint-Junien, à 22 km.

8° Limoges, à 40 km.

Les foires, nombreuses dans ces localités, facilitent la vente des produits, ainsi que l'achat des matières nécessaires. Ce sont :

1° Oradour-sur-Vayres : le 8 de chaque mois et le 25 novembre.

2° Saint-Laurent-sur-Gorre : le 23 de chaque mois, excepté en avril et mai, où la foire se tient le 17.

3° Vayres : le 29 de chaque mois.

4° Saint-Mathieu : le 13 de chaque mois.

5° Rochechouart : le 26 de chaque mois.

6° Chalus : le premier vendredi de chaque mois ; les 2 mars, 23 avril, 30 septembre : foire de chevaux et d'animaux gras.

7° Saint-Junien : le 20 de chaque mois et le 10 janvier, foire d'animaux gras.

8° Limoges : le dernier jeudi de chaque mois ; les 28 décembre et 22 mai : vente de chevaux et de bétail gras.

La foire de Limoges du dernier jeudi d'avril est

fort importante pour l'achat de jeunes reproducteurs, car la veille elle est précédée du concours général des races bovines, ovines et porcines Limousines.

Impôts — Assurances

Le montant des impôts payés en 1925, pour le domaine de l'Ecubillon, s'élève à :

Contributions directes....	1.137 fr. 88
Prestations	122 fr. 20
Centimes additionnels....	197 fr. 84

Il y a, en plus, l'impôt sur le revenu, qui s'est élevé à une somme importante.

Jadis, le colon payait la moitié des impôts, mais de nos jours, ils paye seulement la moitié des prestations et sa part d'impôts sur les bénéfices agricoles.

La Mutuelle de Poitiers assure les bâtiments de la ferme, les cheptels morts et vifs et les récoltes engrangées.

Le propriétaire s'assure pour la totalité des bâtiments et pour la moitié du cheptel, l'autre moitié étant à la charge du colon.

Le propriétaire a payé cette année pour sa part une prime d'assurance de 109 fr. 45 pour les deux domaines de l'Ecubillon.

Valeur des terres dans la région

Valeur vénale. — Elle varie selon les circonstances. Les bonnes prairies valent facilement 6.000 francs l'hectare. Les prés ordinaires, 4.500 francs. Les terres de culture, environ 3.000 francs. Ces chiffres sont souvent dépassés par suite du morcellement de la propriété et de l'achat par de nombreux petits cultivateurs enrichis.

Valeur locative. — Dans la région, les baux d'avant-guerre ne dépassaient pas 30 à 35 francs l'hectare. De nos jours, il faut compter, pour une ferme mixte (moitié prés et moitié terres), 120 à 130 francs l'hectare. Certaines baux sont basés sur le prix moyen du blé en Bourse, pendant l'année entière et, d'autre part, sur le prix du kilo de viande.

COUPE GÉOLOGIQUE

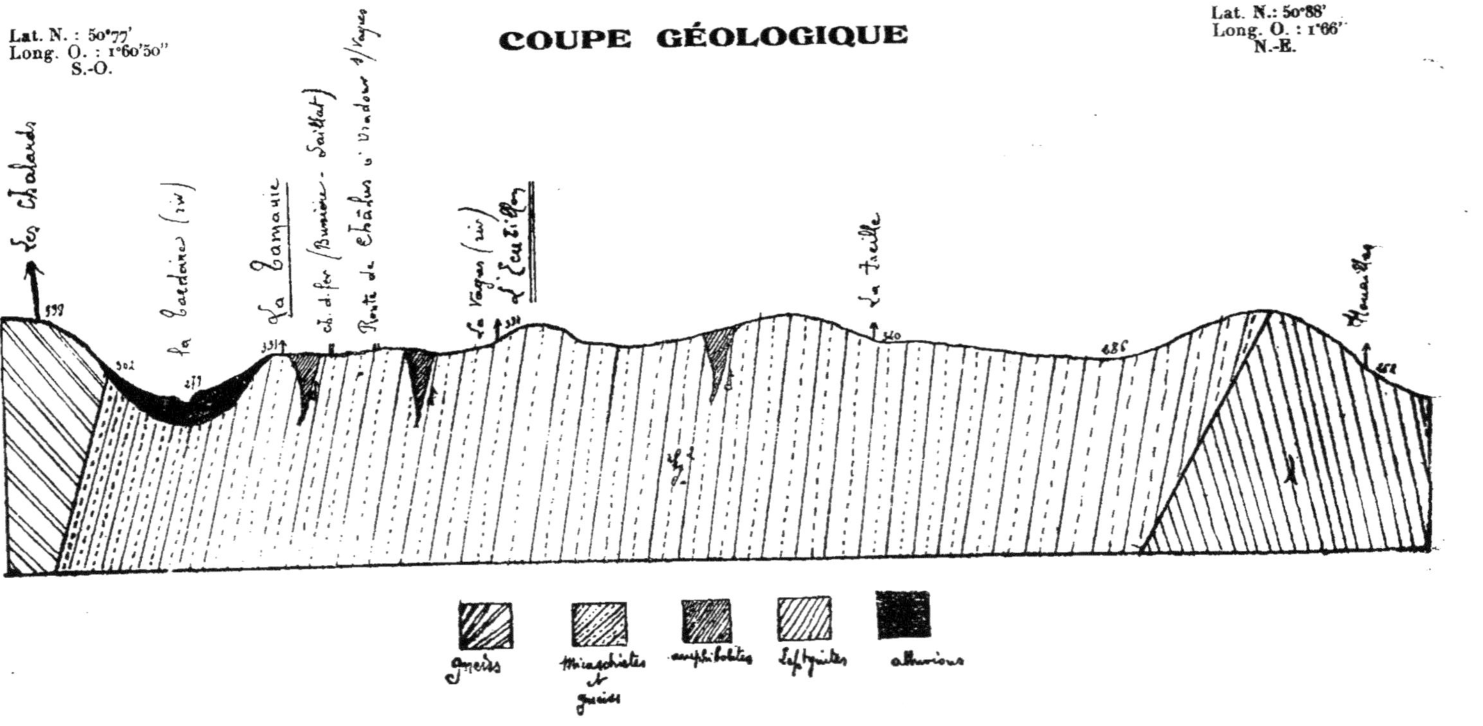

CHAPITRE II

GÉOLOGIE DU DOMAINE

Les terres de la ferme de l'Ecubillon et du domaine de Tamanie reposent sur une assise nettement désignée par la carte géologique. Le sol est composé par un mélange de gneiss, micaschistes et feldspath. Cette assise correspond à l'indice géologique G^2.

Les gneiss et micaschistes appartiennent à la série des roches stratifiées primordiales ; on les appelle encore fondamentales, archéennes, primitives ou cristallophylliennes. Ce sont les premières roches qui se solidifièrent jadis à la surface du globe. En principe, elles devraient donc être les plus profondes, mais ce n'est pas ce qui a lieu en réalité, parce que l'érosion, après avoir usé les couches supérieures, les a mises à découvert.

Les terres de la ferme se rattachent aux deux systèmes suivants :

1° Système archéen ;

2° Système quaternaire.

1. — Système archéen

1. SILICATES DES ROCHES ACIDES

a) *Gneiss.* — Ces roches sont très riches en silice, elles sont dites légères ou acides. Le gneiss est composé par des lamelles de quartz, de micaschistes et de feldspath. L'aspect de cette roche est d'autant plus feuilleté que le mica abonde davantage. La densité moyenne de ces roches est de 2,6.

Le gneiss a une certaine ressemblance avec le granit ; la teneur en feldspath les fait différer cependant l'un de l'autre.

Les gneiss les plus profonds sont moins feuilletés que les autres ; ils ont, en effet, moins subi la décomposition effectuée par les agents d'érosion. C'est de là que vient leur nom de gneiss granitoïdes. Ces derniers ne se rencontrent pas sur les terres de la ferme, qui sont placées au centre d'un étage de gneiss bien défini. Le gneiss granitoïde se trouve surtout aux bords des assises gneissiques.

b) *Feldspath.* — Les feldspaths renferment de la silice, de l'alumine et, en outre, des bases alcalines ou alcalino-terreuses riches en potasse. Leur densité moyenne est de 2,5 à 2,7.

On trouve, dans les terres, du feldspath *oligoclase* contenant de la soude et, parfois, du calcaire. Sa formule est :

$$9\ SiO^2\ 2\ Al^2O^3\ 2\ (CaO\ ou\ Na^2O)$$

Il y a aussi de l'orthose qui contient de la potasse et dont la formule est :

$$6\ SiO^2\ Al^2O^3\ K^2O$$

Ces feldspaths se décomposent peu à peu par la chaleur, les acides et l'eau chargée de gaz carbonique.

Leur transformation s'opère ainsi : les silicates alcalins et alcalino-terreux sont entraînés par l'eau, les silicates d'alumine, en s'hydratant, constituent l'argile.

c) *Les micaschistes* sont des silicates d'alumine contenant des bases alcalines, des oxydes de fer et de magnésium. La principale variété que l'on rencontre à l'Ecubillon est la biotite contenue dans les gneiss.

II. SILICATES DES ROCHES BASIQUES

Sur certains points, on rencontre des silicates des roches basiques qui, dans le pays, sont constitués uniquement par des amphibolites. Ces roches contiennent de la magnésie et de la chaux ; dans les parties où cette variété existe, elle remplace les micaschistes.

II. — **Système quaternaire**

Il est représenté à la ferme de l'Ecubillon par les alluvions de la Vayres et, à la Tamanie, par celles de la Tardoire. Ces alluvions sont argileuses et assez riches. Elles fournissent un sol qui convient bien à l'établissement des prairies naturelles.

Valeur agricole de ces terres

La couche arable est formée par une terre silico-argileuse.

La silice provient de la décomposition des gneiss et l'argile de celle des feldspaths, au moment où les silicates d'alumine s'hydratent.

La présence d'éléments acides provenant des micas, quartz et feldspaths, rend le sol acide. Dans les pays où les amphibolites existent, cette acidité est saturée en partie par la chaux que contient cette roche.

Malgré l'existence du feldspath oligoclase et des amphibolites, le sol est souvent pauvre en chaux par suite de sa décalcification par l'action des eaux chargées de CO^2. Les labours profonds pourraient alors améliorer la couche arable. Mais les métayers ne possèdent pas les outils nécessaires pour effectuer de tels travaux, puisqu'ils préfèrent employer la charrue « Dombasle » à la charrue brabant.

La végétation de ces terres est uniquement silicole. Cependant, l'apport de chaux et d'engrais phosphatés permet une culture rémunératrice.

Quels engrais faut-il employer ?

1° ENGRAIS ORGANIQUES

Les fumiers donneront de bons résultats dans ces terres plutôt un peu légères ; il les faudra bien décomposés, à l'état de beurre noir.

2° ENGRAIS VERTS

La sidération donnera d'excellents résultats. Les plantes enfouies auront pour but de fournir l'humus au sol et de fixer l'azote sous forme d'azote organique. Nous ne devons pas oublier que ce sol étant très perméable, la disparition des nitrates dans le sous-sol y est très facile, et que la présence de la végétation s'oppose à cet entraînement des principes azotés solubles.

3° ENGRAIS CHIMIQUES

Le sol étant pauvre en acide phosphorique et en chaux, il faudra employer des engrais contenant ces deux éléments.

a) *Scories*. Elles donnent d'excellents résultats sur nos terres granitiques. C'est le meilleur engrais phosphaté que l'on puisse apporter au sol. Il fournit, en effet, l'acide phosphorique dont manque le sol et la chaux si utile pour la mobilisation de la potasse contenue dans la terre elle-même.

b) *Les phosphates* naturels, surtout ceux de la Somme, fournissant : CaO, 45 à 50 % ; P^2O^5, 25 à 30 %.

Ce sont donc de bons engrais parfaitement adaptés dont on peut alterner l'emploi avec celui des scories.

c) *Les superphosphates* ne seront jamais employées, car ces substances contiennent une certaine acidité provenant de leur fabrication ; le sol étant assez acide par lui-même, il convient de le neutraliser plutôt que de l'acidifier.

LA CHAUX ET L'ACIDE PHOSPHORIQUE

Ces deux éléments dont notre sol manque devront être apportés fréquemment par les scories et les phosphates naturels. Les chaulages devraient être plus fréquents dans un sol dépourvu de calcaire comme celui de la Haute-Vienne. Mais il ne faut pas oublier que les transports et la main-d'œuvre coûtent cher, et le gisement de calcaire charentais situé le plus près de la ferme en est distant de 80 kilomètres.

Dans la situation où nous nous trouvons, il sera donc plus facile et plus économique de recourir aux scories et aux phosphates naturels. Cependant, chaque année, dans notre nouvel assolement, nous chaulerons quatre hectares.

Les deux éléments (CaO et P^2O^5) sont indispensables à la bonne culture ; ils fournissent en effet du poids à la graine et contribuent pour une grosse part à sa bonne formation.

Ils sont aussi nécessaires en élevage, car ils fournissent les éléments de la substance osseuse du bétail. Nous voyons donc qu'il faudra les apporter à la fois dans nos terres de culture et dans nos prairies naturelles. D'ailleurs, leur introduction en Limousin a contribué pour une grosse part à l'amélioration de notre race bovine.

Et ceux qui, de nos jours, reprochent à nos bovins leur petite taille, feraient peut-être mieux d'enseigner l'apport de chaux et d'acide phosphorique dans nos prairies que de préconiser certains croisements possibles, mais peu rémunérateurs.

Analyse d'une terre du domaine de l'Ecubillon

Analyse mécanique :

Pour 1.000 :

Cailloux	78,2
Graviers	125,9
Terre fine	795,9

Analyse physico-chimique :

Pour 1.000 de terre fine :

Sables grossiers	684,24	
— fins	231,57	
	915,81	915,81
Argile		63,55
Débris organiques		19,96
Humus		0,68

Analyse chimique :

Chaux	1,66
P^2O^5	0,50
K^2O	1,06
Azote	0,98

INTERPRÉTATION DES RÉSULTATS

1° *Analyse physico-chimique.* — Les résultats fournis par cette analyse nous font conclure à l'existence d'un échantillon provenant de terrain essentiellement granitique. La terre silico-argileuse est de consistance légère puisqu'elle renferme une forte proportion de sable, par rapport à l'argile contenue. Le calcaire y fait défaut.

2° *Analyse chimique.* — L'analyse chimique nous indique une terre pauvre en éléments fertilisants. En effet, que faut-il à une terre de valeur moyenne ?

Pour 1.000 :

Chaux	10
P^2O^5	1
K^2O	2
Azote	1

Or, nous n'avons pas cette richesse. Il convient surtout d'apporter les deux premiers éléments : CaO et P^2O^5, qui manquent dans une trop forte proportion. Les quantités de K^2O et azote sont à peine suffisantes.

Il faudra donc appliquer les principes énoncés plus haut pour mettre en valeur ces terres qui, confiées à des métayers, ne reçoivent pas assez souvent les engrais chimiques appropriés.

CHAPITRE III

MODE D'EXPLOITATION

Les modes d'exploitation dans le département de la Haute-Vienne sont les suivants :

1° *Petits domaines* (de 1 à 15-20 hectares). Nous trouvons le faire-valoir direct. Le propriétaire, aidé des siens, exploite ses terres, sans avoir recours à la main-d'œuvre étrangère à la famille.

2° *Moyens domaines* (de 20 à 40 hectares), sont les vrais types du domaine livré au métayage.

3° *Les fermes* de plus de 50 hectares sont rares; elles sont exploitées en faire-valoir direct. Certaines, cependant, ont été divisées en deux ou trois métairies pour être livrées au métayage.

Pourquoi le métayage existe-t-il en Haute-Vienne ?

A cette question, certains ont essayé de répondre en objectant la médiocrité du sol de nos régions granitiques, mais cette raison n'est pas suffisante si toutefois elle est encore partiellement valable.

Les terres de ces régions ne sont pas aussi fertiles que les sols limoneux du Nord ou de la région parisienne ; les cultures n'y sont pas aussi favorables, mais l'établissement avantageux des prairies rend l'élevage facile. Tout le monde connaît suffisamment la valeur de notre race bovine pour qu'il nous soit nécessaire ici d'en vanter les qualités.

Une question, nous semble-t-il, montre plus favorablement l'utilité du métayage : c'est le morcellement de la propriété.

Les fermes de moins de 15 hectares occupent 35 % du sol ; celles de 20 à 40 hectares occupent 55 %, et c'est à peine si on trouve 10 % de fermes ayant de 40 à 100 hectares. Les exploitations de plus de 100 hectares sont l'exception.

Le propriétaire a souvent des domaines peu groupés ; fréquemment, au lieu d'être rassemblés dans la même commune, ils ne se trouvent même pas toujours dans le même canton ; d'où l'obligation de faire appel à un mode d'exploitation qui ne réclame pas la visite du maître à chaque heure de la journée. Le colonage répond bien à ces besoins ; c'est certainement pour cela qu'il est resté en honneur sur notre sol limousin, alors qu'il a disparu dans une grande partie de la France.

Le remembrement de la propriété est fort difficile dans notre pays, car les propriétaires voisins possédant souvent des petites fermes ont peur d'être lésés. Ils consentent seulement à faire des échanges lorsqu'ils y voient de gros avantages. Ils estiment leurs terres beaucoup plus cher que celles du voisin, alors que souvent elles valent moins. Cependant, quand on veut arriver à grouper ses terres, on se laisse aller à faire de gros sacrifices, mais certains, trop onéreux, ne peuvent pas être acceptés.

Considérations générales sur le métayage s'appliquant au domaine étudié

DÉFINITION

Qu'est-ce que le métayage ?

La Société d'agriculture du Limousin donne de ce mode d'exploitation si en honneur dans nos régions, la définition suivante :

« C'est une association où le propriétaire fournit l'héritage rural, les terres, bâtiments, instruments, bétail et la moitié du capital d'exploitation. Le métayer, l'autre moitié du capital d'exploitation et son travail. Cette association a pour objet le partage de tous les produits du domaine (sauf certaines réserves). »

Cette définition fort juste nous indique parfaitement quel est le but du métayage, en quoi il consiste, quelle est la part apportée par chacun des contractants à son entrée dans l'association, quel travail il fournit et quels bénéfices il retire de cette opération.

En définitive, ce n'est pas autre chose que la mise en pratique de la parole d'un économiste célèbre : « l'alliance du capital, de l'intelligence et du travail ».

Sur de telles associations, un pays ne peut que fonder les plus beaux espoirs de fécondité et d'accumulation de richesse. Et, après certains économistes célèbres, on peut bien répéter que cette participation constitue les deux principaux éléments producteurs de la richesse : « le travail et la terre ». Ces deux grands facteurs, associés ensemble et convenablement mis en œuvre, ne peuvent conduire qu'à la prospérité.

Si ces deux facteurs agissaient sans être soumis à une intelligente direction, ils pourraient être voués, plus ou moins, à des échecs, mais dans cette association, « l'intelligence » intervient : elle est fournie par le propriétaire, et c'est dans ce sens qu'on a dit : « Le propriétaire est la tête et le colon le bras ».

En effet, le propriétaire au courant de toutes les questions agricoles, doit diriger le colon dans les diverses spéculations végétales et animales, lui dicter l'emploi des engrais, que souvent l'homme des champs n'a pas l'habitude de manier avec assez d'habileté, en usant avec excès ou, au contraire, d'une façon insuffisante ; dans les deux cas, courant à des mécomptes souvent importants.

Par contre, le colon doit mettre en son patron toute sa confiance et suivre les conseils qui lui sont sagement donnés.

D'une pareille entente, résultera le maximum de bénéfices qui rémunèreront le labeur de l'un et de l'autre.

BAILLETTE

La baillette est le contrat par lequel propriétaire et métayer règlent leurs conventions.

Celle-ci est faite et signée par les deux associés, quelque temps avant l'entrée en jouissance du colon. Elle doit être claire, précise, et spécifier exactement les conditions demandées, afin d'éviter les désaccords.

Quels points doit-on spécifier ?

1° L'étendue de la métairie.

2° L'assolement à suivre, les plantes à cultiver, le mode de partage des fruits, les divers travaux de défrichement et d'amendement à effectuer chaque année.

3° Les conditions d'entrée et de sortie du colon sont spéciales au domaine et à la région : le colon doit prévenir le propriétaire six mois avant son départ, afin que celui-ci ait le temps de chercher un autre colon. Si le métayer partant n'exécute pas cette clause capitale, le propriétaire a le droit de refuser le paiement de la plus-value évaluée à son départ. Dans la région, la sortie a lieu du 25 octobre au 10 novembre, en général.

4° Les spéculations animales, l'intervention du propriétaire dans les ventes.

5° La participation de chacun des deux associés aux dépenses : achat d'engrais, machines agricoles, paiement des impôts, etc...

6° Les redevances en nature que le colon doit fournir au propriétaire : poulets, œufs, autres volailles.

7° La composition du cheptel à l'entrée, son estimation, les avances du propriétaire ; la quantité de bétail, de foin, paille et autres fourrages, topinambours, pommes de terre et betteraves.

8° Les frais de réparation des bâtiments sont à la charge du propriétaire ; seuls les frais de couverture des bâtiments sont payés ainsi ; le propriétaire paye l'ouvrier et le métayer le nourrit.

9° La main-d'œuvre est fournie par le colon pour tous les travaux de l'exploitation.

10° Un point capital, qui n'est jamais spécifié dans la baillette, c'est la durée de ce contrat.

Etude de cette dernière clause

En général, quand on prend un colon, on ne sait pas s'il sera bon ou mauvais, s'il exploitera bien ou mal ; à l'œuvre seulement on peut le juger. Donc, chaque année, le colon a la possibilité de partir, s'il le veut, et le propriétaire a le droit de le renvoyer, de son côté, si le métayer ne répond pas à ses désirs, pourvu que le congé soit signifié de part ou d'autre dans le délai prévu.

Inconvénients. — Placé dans de telles conditions, le métayer ne juge pas opportun de mettre d'engrais dans le sol ou du moins il en apporte très peu. Par la baillette, on ne peut l'y contraindre puisqu'il ne sait pas s'il pourra en profiter. Ce point a donc un retentissement capital sur l'état de la culture.

Comment y remédier. — 1° Après deux ou trois ans, quand le colon a fait ses preuves, on devrait fixer avec lui une durée de bail ; il pourrait ainsi mettre les engrais voulus et serait sûr d'en retirer sa part de profit.

2° Ou alors, pour les terres comme pour le bétail, il y aurait lieu de procéder à une estimation : voir si les terres sont mieux cultivées à la sortie qu'à l'entrée et, par des analyses chimiques, se rendre compte si les terres n'ont pas été épuisées. On pourrait, s'il y avait excès d'éléments fertilisants, payer au colon une indemnité qui le dédommagerait partiellement des frais qu'il aurait faits pour rendre le sol meilleur.

LA MAIN-D'ŒUVRE

En général, la main-d'œuvre est fournie par la famille du métayer. Si celle-ci n'est pas assez nombreuse, le colon doit s'en procurer à ses frais. Cependant, on trouve des exceptions et celles-ci doivent être prévues dans la baillette. Il y a des propriétaires qui, par suite de l'existence de fermes plus importantes livrées au métayer, ou de familles de colons peu nombreuses, payent à leurs métayers des ouvriers pour les aider à ramasser les principales récoltes : blés et foins. Le propriétaire paye alors la journée de l'ouvrier et le colon le nourrit. Ces cas sont de plus en plus nombreux de nos jours, parce que les familles de nos métayers sont diminuées de deux façons : par la crise de la natalité et par l'exode vers les villes ou les grands centres industriels.

La crise actuelle

Ce mode d'exploitation qui, peu à peu, avait tendance à disparaître du sol français, a cependant fait des jaloux au début de la crise de la main-d'œuvre agricole. C'est ainsi que certains agriculteurs ayant à diriger des faire-valoir directs et trouvant difficilement la main-d'œuvre pour effectuer leurs travaux, auraient bien voulu être à la place des propriétaires limousins, qui avaient des métayers ; car, il faut bien le dire, le métayage n'a pas encore subi une crise de main-d'œuvre aussi forte que les autres modes d'exploitation.

Mais, hélas ! le fléau qui fait le tourment des grandes fermes ne devait pas tarder à se faire sentir sur notre terre limousine en n'épargnant même pas les familles de nos colons. Nos campagnes se dépeuplent et nous devons jeter le cri d'alarme.

Les causes de cette dépopulation des campagnes sont au nombre de deux principales :

I. — Le mouvement d'exode

Le mouvement d'exode vers les villes et les grands centres entraîne surtout les jeunes cultivateurs qui se plaignent d'un travail pénible, d'une rémunération insuffisante et souvent aléatoire, tandis qu'à la ville ils sont attirés par l'appât d'un gros salaire et surtout par la courte durée de la journée de travail.

La loi sur la journée de huit heures votée par nos législateurs a une répercussion des plus grandes et des plus funestes sur notre agriculture. Elle a eu pour résultat d'augmenter d'un tiers le nombre des ouvriers des usines et des agents des grandes compagnies, et le recrutement de ce supplément d'ouvriers n'a pu se faire que dans le monde agricole.

Ce sont surtout les jeunes qui partent vers les villes, laissant seuls à la terre les vieux ou les trop jeunes, ces derniers ne demandant à leur tour qu'à suivre leurs aînés dès qu'ils le pourront.

On a recherché et on cherche encore le moyen de retenir ces travailleurs à cette terre limousine si généreuse et jamais ingrate pour ceux qui la connaissent et savent la cultiver. Est-ce que cet exode rural ne pourrait pas être arrêté par la mise en pratique de cette parole célèbre : « Il faudrait rendre la campagne aussi attrayante que la ville ». Cette campagne, certes, ne manque pas de charmes, et combien de tableaux vivants ne contient-elle pas ; cette nature si belle, cette végétation si florissante, cet élevage si bien conduit ! et l'homme des champs, habitué à de tels spectacles, passe sans y faire attention.

Mais dans la parole citée plus haut, l'auteur ne faisait pas allusion à ces charmes naturels : il visait surtout la question des plaisirs et des réjouissances qui abondent à la ville et qui fascinent les jeunes imaginations campagnardes qui en sont trop sevrées ; nous pouvons dire qu'il est à peu près impossible de donner satisfaction sur ce point à la population des campagnes.

Nous savons bien que, dans certaines régions, le cinéma à la campagne a fait des heureux. Encore faut-il être dans des circonstances tout à fait favorables pour l'établir.

Le départ des jeunes gens vers la ville a été causé par la question des salaires.

Beaucoup de métayers ayant une famille suffisante pour exploiter un domaine, ont vu partir leurs enfants à la ville parce que ces derniers touchaient au domaine un salaire médiocre. En effet, très souvent, les enfants travaillant avec leurs parents à l'exploitation d'un métayage, gagnaient des sommes insignifiantes. Ceux-ci, voyant augmenter les salaires de jour en jour, ont quitté leur foyer et sont partis travailler à l'usine. Ce fait, certain pour les jeunes gens, s'est reproduit pour les jeunes ménages. Et nous pouvons dire, à juste titre, que la faute de la dépopulation des campagnes pour notre région limousine est bien plus imputable au cultivateur qu'au propriétaire.

Et avant d'envisager la création d'attractions et de divertissements pour essayer de retenir les jeunes ouvriers à la terre, il serait préférable de faire entendre aux métayers que s'ils veulent conserver leurs enfants pour cultiver, ils devront leur donner un prix raisonnable.

II. — La crise de la natalité

Elle s'est fait sentir aussi dans les familles des métayers et tandis qu'autrefois les familles étaient nombreuses, aujourd'hui elles ne comptent plus que deux ou trois enfants. Ceci est encore un fléau à la fois pour notre agriculture et pour notre pays. Nous dirons même qu'il est plus terrible que le premier, car dans le premier cas, si les ouvriers quittent le travail de la terre, c'est toutefois pour aller travailler dans les usines et contribuer tout de même à la prospérité du pays.

Le vote de la loi de huit heures et la crise de la natalité ont forcé la France à faire appel à la main-d'œuvre étrangère, et tant que ces deux facteurs agiront sur notre sol, le pays sera tributaire de l'étranger pour une grande partie de sa main-d'œuvre.

MÉTAYERS ÉTRANGERS

Le Syndicat des Agriculteurs de la Haute-Vienne a essayé de résoudre la crise que subit actuellement le métayage en faisant venir des familles de l'étranger (Polonais, Tchéco-Slovaques, etc.), mais ceux-ci ne sont pas habitués aux façons culturales du pays, ils n'ont aucun matériel, pas d'instruments, pas de capitaux ; il faut tout leur fournir ; on est, en plus, obligé de les surveiller comme des ouvriers travaillant à la journée. Le propriétaire ne retire plus, alors, les avantages qu'il trouvait dans le vrai métayage. En un mot, il ne peut pas avoir confiance en de tels métayers, ce qui est la base de notre mode d'exploitation.

Que reste-t-il à faire ?

Le moment où l'on ne trouvera plus de métayers n'est pas encore arrivé, mais le recrutement en devient de plus en plus difficile. A cette heure, il nous semble que la chose dont le Limousin aurait le plus besoin, c'est le remembrement de la propriété.

L'agriculteur tient au sol, à la ferme que ses parents ont mise en valeur par leur travail ; certes, nous le concédons, il y a là une affection toute particulière, fort louable, d'ailleurs ; mais quel était le désir des parents de ce propriétaire ? qu'il vive en continuant à travailler le sol qu'ils lui ont laissé. Mais si, par un échange avantageux, il peut grossir son lot, obtenir des conditions meilleures pour son exploitation, nous croyons qu'il fera bien de profiter des facilités de groupement qui pourront se présenter.

Pour le propriétaire limousin qui possède des fermes de 30 à 40 hectares disséminés sur plusieurs communes, nous pensons qu'il n'aura que ce seul remède à employer, le jour où il ne trouvera plus de colons et, lorsque ses terres seront groupées, il pourra exploiter en faire valoir direct son domaine reconstitué.

CHAPITRE IV

MATÉRIEL ET BATIMENTS

I. — Matériel

Le matériel de la ferme limousine n'est pas aussi complet et aussi perfectionné que celui des exploitations de grande culture. A la ferme du colon Léonard, il se compose de :

2 charrues de Dombasle,
1 cultivateur,
2 herses ordinaires,
1 rouleau,
1 bineuse,
1 faucheuse,
1 tarare,
1 coupe-racines,
1 tombereau,
3 charrettes.

Les charrues exécutent des labours insuffisants en profondeur, mais il est difficile de faire adopter aux métayers la charrue brabant. Celle-ci, pourtant, fait incontestablement un travail supérieur.

La faucheuse est munie d'un appareil à javeler

quand elle sert à la moisson. Cet outil est très avantageux pour nos fermes, car après avoir servi aux fauchaisons, il effectue la moisson.

Les charrettes servent surtout au transport des foins, pailles, litières, alors que les tombereaux sont utilisés pour les charrois de plantes racines, tubercules, fumier, etc...

Le coupe-racines servant seulement à broyer les racines et tubercules utilisés pour les rations des animaux à l'engrais, est actionné à bras d'homme. La force motrice n'est donc pas employée.

L'éclairage, encore rudimentaire, sera bientôt changé grâce aux travaux d'électrification des campagnes, dont le programme se poursuit activement dans une région favorisée par une production économique du courant électrique.

II. — **Bâtiments**

Les bâtiments du domaine de l'Ecubillon sont en assez bon état. Certains sont de construction récente ; les autres, ayant été bien entretenus, ont conservé leur solidité. Ils sont bâtis en pierres (granit) et les toitures recouvertes avec des tuiles creuses.

Les constructions sont groupées autour d'une cour rectangulaire flanquée à l'est de la maison d'habitation du propriétaire. La surveillance y est donc très facile. Seules les bergeries, une grange et une maison d'ouvriers sont situées à une centaine de mètres des autres bâtiments.

PLAN DES BATIMENTS DU DOMAINE DE L'ÉCUBILLON

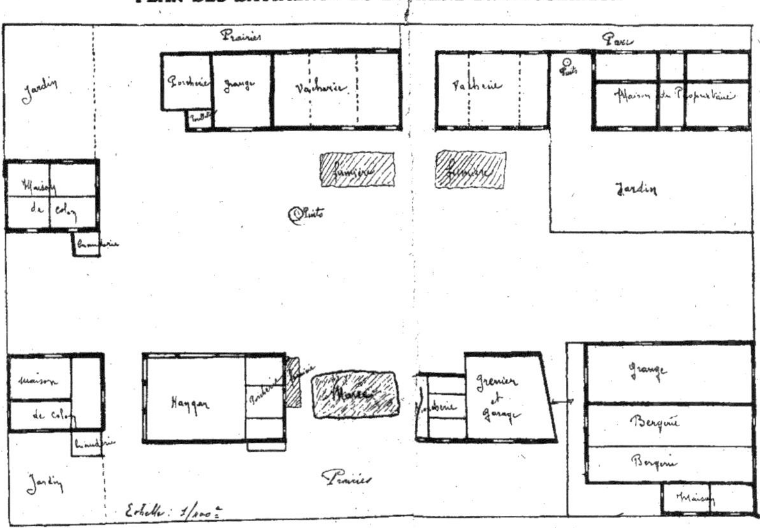

Maisons d'habitation

Il y en a trois. Deux servent à loger chacun des deux colons et leur famille. La troisième est utilisée comme logement pour les ouvriers de passage à la ferme. Elle sont composées en général d'un rez-de-chaussée, d'un premier étage et d'un grenier.

Vacheries

Chaque métayer a sa vacherie spéciale. Celles-ci sont construites d'après un mode particulier à la région. C'est un genre de vacherie longitudinale double où les animaux sont placés tête à tête.

La *partie inférieure* de cette « grange », comme on dit en Limousin, est essentiellement formée par deux étables de chaque côté et au centre un vaste espace servant de salle des rations.

Les *étables* sont occupées par une rangée de bétail derrière lequel se trouve un couloir de service, si vaste, que souvent on en prend une partie pour faire un dépôt de litière. Ces étables sont pavées avec du granit. De chaque côté de la salle des rations et devant les animaux se trouvent des auges en ciment. Des cornadis, formés par des poutres en bois, empêchent les animaux de gaspiller la nourriture.

La *salle des rations* se trouvant placée entre les deux rangées d'animaux permet une distribution facile des aliments. Au-dessus de chaque étable, il y a le grenier à foin ; la proximité de celui-ci est fort avantageuse pour l'alimentation du bétail.

Porcheries

Le domaine de l'Ecubillon possède deux porcheries : l'une est composée de quatre loges, l'autre en possède cinq. Celles-ci sont bien conditionnées, les murs sont construits en granit, sont recouverts jusqu'à 1m50 de haut par une couche de ciment. Le sol est bétonné. Les auges en ciment ou en fonte permettent une distribution facile des rations. A chaque porcherie se rattache une salle où se trouve une chaudière et les instruments nécessaires à la préparation des aliments.

Bergeries

Les deux bergeries, situées à 100 mètres environ des autres bâtiments de la ferme, sont de construction assez récente (1907) et très bien conditionnées. Elles sont formées par de grandes étables bien aérées et suffisamment éclairées. Les rateliers doubles sont au centre des bergeries et les râteliers simples sont adossés aux murs.

Il est dommage que ces étables ne soient pas attenantes aux autres bâtiments de la ferme, car la surveillance du troupeau par le métayer serait ainsi facilitée.

Autres bâtiments

Des granges servent à abriter la paille et les fourrages ; des hangars mettent les outils, les machines et les bois de chauffage à l'abri des intempéries.

Fumières

Elles sont situées devant chaque vacherie. Le fumier est placé sur des plates-formes d'où, par des rigoles, le purin s'écoule vers la prairie la plus proche.

Le système adopté nous permet de remarquer que le purin va toujours dans la même prairie située à proximité de la ferme, alors que les autres n'en reçoivent pas.

Nous aurons donc à faire creuser une fosse où le purin sera recueilli, puis régulièrement réparti sur toute la surface des prairies naturelles.

Une *mare* contient l'eau nécessaire pour abreuver le bétail. L'eau potable est fournie au métayer par un puits de 12 à 15 mètres de profondeur. L'eau ne manque jamais à la ferme.

CHAPITRE V

TERRES ET CULTURES

La Culture en Limousin

Les cultures sont groupées sous deux catégories bien distinctes et en général applicables à toutes les exploitations limousines :

1° Cultures nécessitées par l'existence du métayage en vue de la nourriture du colon et de sa famille ;

2° Cultures en vue de l'élevage.

I. — Cultures nécessitées par l'existence du métayage

Le métayer limousin ne cherche pas, en général, à tirer ses bénéfices de la culture. Il cultive le sol en vue d'assurer sa nourriture et celle de sa famille ; puis il complète son assolement par des plantes pour l'entretien ou l'engraissement du bétail.

Autrefois, pour sa nourriture, le colon cultivait le seigle, le sarrasin, la pomme de terre, et récoltait la châtaigne, fruit du grand cupulifère de nos coteaux. Il cultivait même le lin et le chanvre pour la confection de ses vêtements et de son linge, mais de nos jours ces deux cultures ont presque totalement disparu de la région limousine. L'agriculteur a changé sensiblement de méthode. Le blé a remplacé le seigle dans bien des parties du sol, et cette dernière céréale n'est plus cultivée que dans les terres les moins fertiles. Pourquoi ? Parce que le colon préfère le pain de blé au pain de seigle ; le métayer a donc apporté toute son attention à la production de la céréale qui a ses prédilections.

Comment a-t-il fait ? Il a adopté des variétés de blé rustiques et a amendé ses terres par quelques engrais. La culture du sarrasin diminue de plus en plus. Le châtaignier, atteint de la maladie de l'encre, tend de plus en plus à disparaître, faisant place ainsi, soit à la culture, soit à l'établissement des prairies.

La pomme de terre est cultivée dans un triple but : l'alimentation humaine du personnel de la métairie, l'alimentation et l'engraissement du porc, enfin, dans certains cantons voisins de l'exploitation, elle est l'objet de vente en nature aux féculeries, tandis que certaines variétés fort estimées et très précoces se vendent pour l'alimentation humaine.

Nous craignons que la culture de ces tubercules ne soit appelée à disparaître de notre sol sans tarder ou du moins à se restreindre, car le *doryphora decemlineata* est aux portes de notre département et le guette avec avidité.

Le haricot suisse « Lingot » est cultivé chaque année sur de grandes étendues en Limousin.

Le colza se rencontre aussi quelquefois à la ferme limousine, où il est cultivé en vue de son utilisation pour la fabrication de l'huile. Les produits de ces cultures sont partagés entre colon et propriétaire d'après les conditions de la baillette. Pour le propriétaire, cette culture est une source de bénéfices, car en général il vend sa part de récolte.

II. — **Cultures nécessitées par l'élevage**

Ce sont : la pomme de terre, le topinambour, les rutabagas, la rave, la betterave, le maïs-fourrage, les trèfles violet et incarnat, la vesce. Toutes ces récoltes sont consommées par les animaux de la ferme. Elles ne sont pas partagées entre propriétaire et colon.

Après ces généralités sur le but de la culture en Limousin, nous allons étudier les spéculations végétales du domaine de l'Ecubillon.

ÉTENDUE DES TERRES DE CULTURE

Domaine de l'Ecubillon

	FERME A	FERME B	TAMANIE
Terres de culture..	13 ha.	13 ha.	16 ha.
Prairies naturelles.	10 ha.	10 ha.	10 ha.
Landes et châtaigneraies	3 ha.	2 ha.	3 ha.
Clos et mauvaises pâtures	6 ha.	2 ha.	
Bois	6 ha. 50 a. 35 c.		3 ha.

Les cultures sont à peu près semblables dans toutes les fermes exploitées par métayage. L'importance seule de chaque plante dans l'assolement varie avec l'étendue de la ferme et la spéculation poursuivie.

Donc, pour simplifier notre étude, au lieu de décrire les cultures de chacune des trois métairies qui forment le domaine de l'Ecubillon et la ferme de la Tamanie, nous nous contenterons d'étudier une seule de ces fermes.

Nous prendrons comme exemple les spéculations végétales de la ferme A qui, actuellement, est exploitée par la famille Léonard.

ASSOLEMENT

Il est biennal, avec une hors-sole de 3 hectares pour les topinambours, avoine de printemps, trèfle violet. Il est ainsi compris :

PREMIÈRE SOLE (4 ha. 1/2)

Pommes de terre	2 ha. 50
Rutabagas	0 ha. 25
Betteraves	0 ha. 50
Haricots	0 ha. 25
Maïs en grain	0 ha. 25
Colza	0 ha. 25
Trèfle incarnat	0 ha. 25
Vesce	0 ha. 25
Maïs-fourrage (en culture dérobée sur colza, trèfle incarnat et vesce)	0 ha. 75

DEUXIÈME SOLE (5 ha. 1/2)

Blé	4 ha. 50
Seigle	0 ha. 50
Avoine d'hiver..............	0 ha. 50
Raves (en culture dérobée)..	2 ha.

HORS-SOLE (3 ha.)

Topinambour	1 ha.
Avoine d'été................	1 ha.
Trèfle violet................	1 ha.

QUE VAUT CET ASSOLEMENT ?

Cet assolement est très bien compris tout en étant simple. Il est parfaitement adapté aux exigences du mode d'exploitation et aux spéculations poursuivies. Il fournit à la ferme les plantes nécessitées par l'existence du métayage en vue de la nourriture du métayer et de sa famille et, en outre, la production de fourrages, de tubercules et de plantes racines servant à l'alimentation des animaux de la ferme.

Il y a lieu de remarquer la succession des cultures qui se fait toujours d'après le même système : « à une plante exigeante doit succéder une plante améliorante ».

A cette fin, nous voyons que la première sole, composée de 4 ha. 1/2, est cultivée en plantes sarclées ou en fourrages.

La deuxième sole est composée de céréales, qui succèdent aux cultures de la première sole, soit 4 ha. 1/2, plus 1 ha. de trèfle que l'on défriche.

Hors-sole, nous avons : topinambours, avoine d'été avec semis de trèfle.

Il semble un peu étrange que l'on parle de soles inégales dans un assolement ; cependant le cas se présente ici, car nous avons en première sole 4 ha. 1/2 de plantes sarclées et, en deuxième sole, 5 ha. 1/2 de céréales. Ceci provient d'un hectare de trèfle qui est mis hors-sole et que l'on défriche chaque année.

Le topinambour est une plante nettoyante par excellence, puisqu'elle étouffe les mauvaises herbes qui n'ont pas été détruites par les façons culturales. On prend donc, chaque année, pour la culture de cette plante, 1 ha. dans la sole qui a produit du blé ; c'est en général l'hectare le plus envahi de mauvaises herbes. Cette culture est suivie d'une avoine de printemps avec semis de trèfle violet qui, tout en fournissant du fourrage, permet, par des fauchages, de se débarrasser de la végétation envahissante du topinambour.

Cet assolement est donc parfaitement adapté sous le rapport de la succession des cultures et au point de vue des spéculations entreprises à la ferme. Il nous reste à voir s'il convient au point de vue occupation du personnel et restitution au sol.

Les récoltes étant très diverses, par conséquent exigeant des travaux aux diverses époques de l'année, le personnel et les attelages sont toujours occupés.

Au point de vue de la restitution, les engrais chimiques sont peu employés, comme nous l'avons dit plus haut, à cause de la durée des baux de métayage, qui n'est point fixée dans la baillette.

Le métayer, par contre, profitant de son nombreux bétail, fait produire le maximum de fumier qu'il met sur presque toutes les récoltes. Il est certain qu'une fumure organique pour nos sols granitiques est excellente, mais elle ne suffit pas. Elle ne fournit pas au sol ce qu'une récolte lui a enlevé. De plus, fumer les plantes sarclées est un bon système, mais fumer les céréales n'est pas une excellente méthode, car le fumier n'étant pas répandu uniformément, certaines plantes sont versées alors que d'autres, à côté, vivent à grand'-peine.

Après avoir étudié l'assolement en vigueur, nous allons passer à l'étude de chaque plante en particulier.

Première Sole

Pommes de terre (2 ha. 50)

Les terres du domaine de l'Ecubillon, de nature silico-argileuse, conviennent parfaitement à la production de la pomme de terre. Ce tubercule est cultivé, de préférence, dans les parties siliceuses, parce qu'en terrain argileux il se charge surtout d'eau et ne contient qu'une faible proportion de fécule et il y est alors atteint plus facilement par les maladies et plus sujet à dégénérer.

Variétés. — Pour les besoins du personnel de la ferme, l'Early rose et la Saucisse sont cultivées.

Pour l'alimentation des porcs, on plante la Richter's Imperator de préférence. Ces variétés sont assez rustiques en général et conviennent bien au sol. La pomme de terre vient toujours dans la première sole, après le blé.

Préparation du sol. — Le sol est déchaumé après la récolte du blé ; en février-mars, on pratique un bon labour à 15 centimètres, à la charrue Dombasle ; après un hersage, on trace les sillons pour la plantation.

Fumure. — On met de 12 à 15 tonnes de fumier à l'hectare : cette fumure n'est pas suffisante.

Plants. — Les plants ne sont pas remplacés assez souvent et les pommes de terre dégénèrent vite. En général, on choisit, pour la plantation, des tubercules de 50 à 55 grammes. Cependant, si on manque de semence, certains, plus gros, sont employés après division.

Ce dernier mode est défectueux, car il permet un accès facile aux maladies. Il n'est pas à préconiser.

Plantations et Façons. — On plante en avril, d'ordinaire. Les tubercules, placés dans le sillon, sont recouverts à la charrue. L'écartement est environ de 0^{m}40 sur la ligne et de 0^{m}55 entre les lignes.

Après la plantation, on herse, afin d'avoir une terre bien travaillée. A la levée, on procède au binage, soit à la main, soit avec la houe à cheval, pour détruire les mauvaises herbes. Le buttage est fait à la butteuse, au début de juin ; cette opération permet de maintenir la fraîcheur autour de la plante, de faciliter l'arrachage en marquant les lignes et de couvrir de terre les tubercules superficiels qui, sans cela, verdiraient au contact de la lumière.

Récolte. — En septembre-octobre, l'arrachage se fait soit à la main, soit à la charrue. Les tubercules sont rentrés à la ferme et mis dans une cave privée de lumière, mais bien aérée. On obtient de 7 à 12.000 kgs à l'hectare, selon la variété cultivée. Le plus gros rendement est fourni par l'Imperator. Ces rendements sont faibles par suite du manque d'engrais.

LES MALADIES DE DÉGÉNÉRESCENCE

Frisolée. — Les contours sont sinueux et ondulés, les feuilles se crispent en tous sens. La maladie surgit d'abord vers le sommet et s'étend à tout le feuillage. Les entrenœuds sont courts et toute la plante paraît rabougrie.

Brunissure. — Très fréquente à la ferme, les feuilles jaunissent et se dessèchent. Les tubercules coupés présentent des taches brunes dues à un bacille qui se conserve dans le sol.

Dans ce cas, il faut attendre plusieurs années avant de pratiquer une nouvelle culture sur ce sol. Il ne faut pas se servir de tubercules coupés comme plants. Immerger ceux que l'on a choisis pour la plantation dans une solution de formol à 1 %.

Rutabagas (0 ha. 25)

Le sol et le climat doux et assez humide du pays leur permettent de se développer facilement et avantageusement. Les rutabagas sont d'une grande utilité à la ferme pour la nourriture des porcs et même des bovins.

Variété. — La variété cultivée est le rutabaga « Champion » à collet vert et violet ; c'est une excellente variété qui, par sa rusticité et son volume, est la plus cultivée en France de nos jours.

Fumure. — Venant en première sole, il reçoit comme fumure de 12 à 15 tonnes de fumier à l'hectare ; cette quantité n'est pas suffisante.

Semis. — Il est fait en poquets en avril-mai, c'est-à-dire après les fortes gelées.

Préparation du sol. — Le sol est déchaumé, après la récolte du blé, par deux passages de canadien. En février, le fumier est enfoui par un labour de 15 à 18 centimètres. Au début d'avril, on donne une dent de herse. Quelques jours avant le semis, on forme des billons à la charrue et c'est au sommet de ceux-ci que la graine est livrée à la terre.

Soins de végétation. — Le binage est fait à la main, il a pour but d'arracher les mauvaises herbes ; en même temps, se pratique le démariage :

cette opération, faite assez tardivement par les métayers, retarde la végétation et diminue beaucoup les rendements.

Récolte. — On arrache fin octobre ; les racines sont conduites à la ferme et les fanes enfouies par le labour qui suit pour le semis du blé.

Le rendement ne dépasse pas 20.000 kgs à l'hectare, les engrais étant fournis en trop faible quantité.

Betteraves (0 ha. 50)

La betterave fourragère est cultivée pour être donnée en mélange avec des topinambours, aux moutons et aux bovins à l'engraissement.

Variété. — La variété cultivée est la jaune Globe, qui est la racine par excellence des terres peu profondes. Elle est beaucoup moins exigeante que les autres variétés ; elle fournit des rendements moyens.

Semis. — Elle redoute les gelées printanières ; on sème dès que celles-ci sont passées ; l'époque favorable, en général, est du 10 au 20 mai. La graine est répandue à raison de 22 kgs à l'hectare.

Préparation du sol. — Après un sérieux déchaumage, en septembre, la terre qui a produit un blé est labourée durant l'hiver, en même temps qu'on enfouit le fumier. Le sol se repose alors jusqu'au moment où, par des hersages et des scarifiages, on procède à l'ameublissement. Ces travaux sont en général effectués quelques jours avant le semis.

Fumure. — Le seul engrais employé, comme pour les autres cultures, est le fumier, à raison de 15 tonnes à l'hectare.

Façons culturales. — On pratique le binage à la main et on effectue en même temps le démariage. Cette façon, comme pour le rutabaga, est exécutée souvent trop tardivement, ce qui diminue considérablement le rendement. Fréquemment, le métayer n'ayant pas assez de nourriture pour le bétail, pratique l'effeuillage. Cette pratique surannée et la trop faible quantité d'engrais employé expliquent les rendements médiocres que l'on obtient.

Récolte. — La récolte se fait à la fin d'octobre ; les racines sont conservées en silos et les fanes enfouies. On n'obtient guère plus de 14.000 .à 15.000 kgs.

Haricots (0 ha. 25)

Cette culture a pris une grande extension en Haute-Vienne. Le sol siliceux et le climat du pays conviennent très bien à cette plante.

Variétés. — Les variétés les plus cultivées sont le haricot suisse « Lingot » et le haricot blanc de Soissons. La première espèce est préférable à la seconde, parce que les tiges ne retombent pas sur le sol et peuvent se passer de tuteurs. Cette espèce est plus avantageuse, car les grains étant moins près du sol, ne sont pas autant exposés à la pourriture.

Fumure. — 10.000 kgs. de fumier à l'hectare : cette fumure est insuffisante.

Préparation du sol. — Elle est la même que pour la betterave.

Le semis est fait à la main, en poquets, sur le sommet du billon. On sème en main environ 100 litres à l'hectare.

Soins de culture. — On effectue un binage après la levée de la plante, puis vers la fin du mois de juin on sarcle fortement.

Récolte. — Lorsque tous les pieds sont mûrs ou à peu près, on procède à la récolte ; on arrache les touffes, on les laisse sécher sur place pendant deux ou trois jours, selon la température, et on les rentre enfin à la ferme. Le battage est fait au fléau aussitôt la rentrée. Le produit de cette culture est partagé entre le propriétaire et le colon. Le premier vend sa part et le deuxième la conserve pour son alimentation. On obtient de 20 à 22 hectolitres de grains à l'hectare.

Maïs en grain (0 ha. 25)

Le but essentiel de la culture de cette plante est d'obtenir les grains nécessaires pour effectuer le semis de maïs-fourrage l'année suivante. Le surplus est moulu et donné comme nourriture aux porcs.

Variétés. — Maïs jaune des Landes, maïs blanc des Landes, sont les deux variétés les plus cultivées et qui réussissent le mieux dans le pays.

Préparation du sol. — Elle est la même que pour la betterave. La *fumure* est de 10 à 12.000 kgs de fumier. Le *semis* se fait en mars-avril en poquets à la main. On sème trois ou quatre grains ensemble que l'on enfouit à trois ou quatre centimètres dans le sol. On met à peu près 40 à 50 kgs de grain à l'hectare.

Soins de végétation. — Quand les pieds sont tous levés, on herse pour ameublir le sol. Dès que les fleurs mâles apparaissent, on butte. Cette opération a pour effet de consolider les plants et de provoquer l'émission de racines adventives. L'écimage est pratiqué lorsque les fleurs mâles sont bien développées.

Récolte. — Fin septembre-début octobre, on coupe les pieds à $0^{m}20$ au-dessus du sol et on les conduit à la ferme. Les épis sont détachés ; on donne les spathes, les tiges aux bovins. Les épis sont mis au grenier et, durant l'hiver, le métayer extrait les graines, qui serviront au semis l'année suivante, les uns pour la production du grain, les autres pour le fourrage. On peut obtenir de 35 à 40 hectolitres à l'hectare, mais à la ferme les rendements ne dépassent par 25 hectolitres.

Trèfle incarnat (0 ha. 25)

Il succède à un blé. Le sol est labouré vers le 10-15 août, aussitôt après la moisson. On sème la graine à raison de 25 kgs à l'hectare, et on l'enfouit par un coup de herse. La terre est ensuite tassée par un passage du rouleau. On obtient une bonne coupe pour le bétail en avril-mai.

Vesce d'hiver (0 ha. 25)

Se sème dans les mêmes conditions et dans le même but que le trèfle incarnat. Elle est pâturée par les moutons.

Colza (0 ha. 25)

La plante est cultivée pour sa graine, qui est partagée entre le propriétaire et le colon. Le premier vend sa part de récolte tandis que le deuxième utilise son lot pour son usage personnel, c'est-à-dire qu'il en fabrique l'huile nécessaire au domaine.

Variétés. — A la ferme, on cultive le colza « Parapluie », variété très appréciée et très connue en France, à cause de sa rusticité et de son rendement.

Fumure. — On met 8-10 tonnes de fumier à l'hectare.

Culture. — Du 15 au 30 août, après la moisson, on pratique un labour afin d'enfouir le fumier : le sol, bien hersé, reçoit par un semis à la volée la graine à raison de 8 kgs à l'hectare ; celle-ci est recouverte par un deuxième hersage.

A la fin de septembre ou au début d'octobre, on pratique un binage qui a pour effet d'arracher les mauvaises herbes et de détruire certains pieds, si le colza est trop épais. Cette opération est faite à la main. La culture en lignes du colza serait avantageuse, elle faciliterait pour le binage le passage des instruments et diminuerait ainsi la main-d'œuvre.

Le colza monte à graine très tôt ; il est mûr au début de juin ; on reconnaît facilement cette maturité au jaunissement des siliques. Les pieds sont coupés, déposés sur le sol afin que la maturité s'achève, laissés ainsi deux ou trois jours ; ils sont ensuite rentrés à la ferme, battus au fléau. On obtient entre 18 et 20 hectolitres de graine à l'hectare.

Maïs-fourrage (0 ha. 75)

Le trèfle incarnat, la vesce et le colza sont récoltés assez tôt pour permettre ensuite le semis du maïs-fourrage.

Préparation du sol. — La terre est préparée par un labour léger suivi d'un hersage ; ces façons sont suivies de l'opération du semis. On sème aussitôt à la volée à raison de 120 à 130 kgs de graine à l'hectare. La semence est enterrée par un deuxième hersage suivi d'un roulage.

Pour faciliter la végétation, le maïs aimant un sol assez meuble, on herse une ou deux fois après la levée. Le premier hersage seulement, qui a lieu huit jours après la levée, est suivi d'un roulage.

Récolte. — On commence à récolter dès le début de septembre. On peut obtenir de 30 à 35.000 kgs de fourrage à l'hectare.

Deuxième Sole

Blé (4 ha. ½)

Alors que la céréale principale du Limousin était autrefois le seigle, aujourd'hui nous voyons le blé y tenir la place d'honneur. Le cultivateur préférant le pain de blé à celui de seigle a porté tous ses efforts vers la production de la plante qui répond le mieux à ses goûts.

Variétés. — Le Bon Fermier et la Nonette de Lausanne sont cultivés à la ferme. Ces deux variétés sont très rustiques, très connues en France et donnent des rendements satisfaisants.

Le Bon Fermier fournit un rendement supérieur à la Nonette de Lausanne, quoique cependant il soit sujet à la rouille. C'est un blé à épi blanc, à grain jaune et bien plein ; il talle convenablement.

La Nonette de Lausanne, épi rouge, carré, un peu velu, muni de longues barbes, grain de couleur variant entre le jaune et le rouge, gros, court et bien rempli. Paille grosse, haute, très rustique, résiste moyennement à la verse.

Ces deux variétés, étant mélangées de Japhet et de Rouge de Bordeaux, leurs grains ne peuvent être vendus comme blés de semence. C'est d'ailleurs de médiocre importance, puisque propriétaire et métayer destinent leurs récoltes à la meunerie.

Semence. — Elle est prélevée, le plus souvent, sur la récolte de l'année précédente ; elle est donc changée peu souvent. On la traite au sulfate de cuivre avant le semis.

Place dans l'assolement. — Le blé cultivé sur 4 ha. 1/2 vient après 3 h. 1/2 de plantes sarclées de première sole et après 1 ha. de trèfle hors-sole, que l'on a défriché.

Engrais. — Après les plantes sarclées de la première sole, on met, en général, 8.000 kgs de fumier et 150 kgs de scories. Après trèfle : 300 kgs de scories.

La fumure du blé présente plusieurs gros inconvénients :

1° La division de la fumure entraîne beaucoup plus de frais puisqu'il faut faire double charroi et double épandage ;

2° La fumure insuffisante pour la première sole occasionne une faible production des plantes sarclées ;

3° La fumure du blé est défectueuse, car le sol peut être soulevé.

Préparation du sol. — Le sol est labouré après l'enlèvement de la récolte, époque variant avec la date de récolte de chaque plante ; la terre est ameublie par un hersage et on procède au semis.

Semis. — Le blé récolté l'année précédente est semé à la main et à la volée. Il faut environ 2 hectolitres 1/2 de semence à l'hectare.

Soins de culture. — Ils consistent à mettre, au printemps, 100 kgs de nitrate à l'hectare sur le blé qui a le plus souffert de la rigueur de l'hiver et auquel il faut un engrais afin d'activer la végétation. Les blés sont hersés quelquefois, mais roulés très peu souvent. L'échardonnage n'est pas pratiqué par suite de la petite quantité de chardons qui existe sur les terres de la ferme.

Moisson. — Elle se fait à partir du 15-20 juillet ; le détourage est fait à la faucille par le personnel de la ferme. Autrefois, la moisson était faite à la faucille ou à la faux. C'était un labeur pénible par les fortes chaleurs et le travail n'était pas rapide. Un homme ne pouvait guère couper plus de 30 à 40 ares par jour.

De nos jours, la moisson est faite à la moissonneuse-javeleuse. Cette machine, tirée par des bœufs ou par des vaches, nécessite six personnes. La première conduit l'attelage, la deuxième s'occupe de la bonne marche de l'appareil et les quatre autres personnes ramassent les javelles déposées sur le sol.

Le blé ainsi coupé est laissé sur le sol pendant un ou deux jours suivant la température, puis il est lié avec des liens de seigle et rentré en grange aussitôt.

Battage. — Effectué autrefois au fléau, le battage, de nos jours, est fait à la batteuse. La ferme n'étant pas assez importante pour posséder une batteuse, a recours aux entreprises de battage. L'entrepreneur bat, en général, aussitôt la moisson finie. Il fournit le matériel : locomobile et batteuse, le charbon, un mécanicien et un engreneur. Pour ceci, il prend 3 francs par hectolitre.

Le colon nourrit le personnel, paye la moitié du coût du battage et le propriétaire l'autre moitié.

Sept ou huit hectolitres sont laissés au métayer pour dédommager des frais de nourriture du personnel de battage. La main-d'œuvre utile est fournie par le personnel de la ferme et celui des fermes voisines. C'est l'entr'aide mutuelle si en honneur en Haute-Vienne.

Le rendement est de 18 à 20 hectolitres à l'hectare. Après prélèvement pour le semis futur, la récolte est partagée entre le colon et le propriétaire. Le propriétaire vend sa part à la minoterie et le colon conserve sur la portion qui lui revient ce qui est nécessaire pour la nourriture de sa famille.

Seigle (0 ha. 50)

La culture du seigle tend à disparaître à mesure que celle du blé s'accroît. On ne le cultive plus que dans les terres médiocres où le froment ne pourrait venir.

A la ferme de l'Ecubillon, le seigle est cultivé dans le seul but d'obtenir des liens solides pour le liage des blés après la moisson et des pailles de céréales après le battage.

Ce n'est donc pas une culture de première importance. Il est semé en octobre après un labour moyen, à raison d'environ 2 hectolitres de graines à l'hectare.

Bien que trop dru souvent, au printemps, il n'est pas hersé ; on ne pratique donc aucun soin de culture. Cette céréale est coupée avant le blé, en général vers le 5-10 juillet. Elle est rentrée, battue au fléau ; avec la paille, on fabrique des liens ; le grain est donné aux porcs, après mouture.

Avoine d'hiver (0 ha. 50)

Le climat de la région est assez tempéré pour permettre à l'avoine d'hiver d'y réussir avantageusement. Cette céréale est partagée entre colon et propriétaire ou vendue en commun, et la somme retirée est partagée.

Variétés. — La variété employée est l'*avoine grise* d'hiver, très rustique, à paille élevée et tallant peu.

Place dans l'assolement. — Elle vient, en général, ainsi que le seigle, après pommes de terre.

Fumure. — On met 200 à 250 kgs de scories à l'hectare.

Préparation du sol. — Le sol est d'abord labouré. Après un hersage, on sème la graine à raison de 300 litres à l'hectare. Cette quantité un peu élevée est nécessaire afin de remédier au tallage médiocre de cette variété. Elle est enfouie par un hersage. Au printemps, on herse et on roule.

Récolte. — Se fait vers le 10 juillet, en même temps que le seigle.

Le battage est effectué dans les mêmes conditions que celui du blé.

Le rendement varie entre 20 à 25 hectolitres à l'hectare. L'avantage de cette céréale est le suivant :

elle permet de faire la soudure à une époque où l'avoine ancienne manque et où la récolte d'avoine d'été n'est pas faite. Elle se vend alors un bon prix, si on la livre assez tôt sur le marché. De plus, celle-ci fournit des grains mieux nourris, plus pleins ; elle pèse davantage à l'hectolitre, elle a une plus grande valeur nutritive que l'avoine de printemps.

Hors-Sole

Topinambour (1 ha.)

Le topinambour est, a-t-on dit, « la betterave des terres pauvres ». En effet, celui-ci rend de gros services dans nos terres limousines, légères et granitiques, dont il se trouve très bien. Ses bienfaits sont multiples ; les principaux sont les suivants :

1° Grâce à son action étouffante, il est une plante nettoyante par excellence, car la hauteur de ses tiges et l'abondance de son feuillage étouffent toutes les mauvaises herbes qui essayent de pousser avec lui.

2° Son utilisation pour l'engraissement de nos bêtes bovines est une source de profits appréciables. Le seul inconvénient que possède cette culture est donné par sa végétation envahissante, de laquelle l'agriculteur limousin a su se défaire en faisant suivre cette plante par une avoine dans laquelle on sème un trèfle comme fourrage.

Variété. — On se sert du topinambour rose, variété la plus cultivée dans la région.

Place dans l'assolement. — On prélève chaque année, dans la sole qui a porté une récolte de blé, un hectare, celui qui, en général, est le plus souillé de mauvaises herbes.

Préparation du sol. — Après la récolte du blé, on déchaume par deux passages de canadien.

Dès que cela est possible, on effectue un labour profond par lequel on couvre le fumier. Le sol se repose et au début de mars, avant de semer, après deux hersages, on trace les sillons à la charrue de Dombasle.

Plantation. — Vers le 15 mars, on procède au semis dans une terre bien ameublie. Les plants, de taille moyenne, sont préférés aux autres ; si, en effet, on employait de gros tubercules, il faudrait les couper, et on les exposerait alors à la pourriture.

Les tubercules sont placés à 0m35 de distance environ ; les lignes sont écartées d'environ 0m50 les unes des autres. On plante en général de 1.300 à 1.500 kgs à l'hectare. Les tubercules sont enterrés à 10 centimètres environ par un labour.

Fumure. — Elle est uniquement composée de 15-16 tonnes de fumier à l'hectare, ce qui est insuffisant.

Soins de végétation. — Aussitôt après la levée, on procède à un bon binage à la main ; en mai, on sarcle mécaniquement et, en juin, on butte, alors que les tiges ont de 30 à 40 centimètres.

Récolte. — Les tiges, coupées après la floraison, c'est-à-dire en novembre, servent pour faire la litière du bétail.

L'arrachage des tubercules pourrait se faire à partir du mois de novembre, mais en général on ne commence guère avant le mois de janvier. C'est à cette époque, en effet, que l'on met les bovins à l'auge, afin qu'ils soient gras en avril.

L'arrachage se fait au fur et à mesure des besoins, ce qui est plus avantageux, puisque dans le sol ces tubercules ne gèlent pas. De plus, s'ils ne sont pas consommés dans la semaine qui suit l'arrachage, ils perdent rapidement de leur poids.

Avant de les donner aux animaux, on procède à un lavage, qui se fait dans un bac à eau courante, situé sur le cours d'un ruisseau ou d'un canal d'irrigation dans les prés. Par suite d'une fumure insuffisante, les rendements moyens sont faibles. Ils varient, en général, entre 18 et 20 tonnes à l'hectare.

Avoine de printemps (1 ha.)

Cette céréale est surtout cultivée afin de servir d'abri au trèfle que l'on sème en même temps.

Variété. — La variété cultivée dans ce but est appelée dans le pays « avoine commune ». Elle doit probablement résulter de la Grise de Beauce.

Place dans l'assolement. — Elle est toujours précédée de la sole de topinambour et suivie du trèfle.

Préparation du sol. — Les topinambours sont totalement consommés dès la fin de mars, début d'avril. Le champ, déjà ameubli par l'arrachage des tubercules à la houe, est alors labouré, puis hersé.

Fumure. — On met environ 150 à 200 kgs de scories à l'hectare.

Semis. — Huit jours après le labour du champ, quand la terre est un peu ressuyée, on sème l'avoine à la volée à raison de 250 litres à l'hectare. La semence est enterrée par un bon hersage.

A la levée, on herse à nouveau, on sème la graine de trèfle à raison de 25 à 30 kgs à l'hectare, puis on roule.

Récolte. — L'avoine est coupée du 10 au 15 août, elle est rentrée et battue dans les mêmes conditions que le blé. Le rendement ne dépasse pas 17 à 18 hectolitres à l'hectare.

Trèfle violet (1 ha.)

Le trèfle violet est le meilleur fourrage que l'on puisse cultiver dans nos régions. Il est un précieux auxiliaire, à la fois pour l'élevage, auquel il fournit une excellente nourriture, et pour l'agriculture, puisque par des fauchages successifs, il permet la destruction des topinambours qui, sans cela, envahiraient nos terres.

Il est semé dans l'avoine, comme nous l'avons vu plus haut. Une fois l'avoine coupée, si le sol est humide, il pousse rapidement et, souvent dès la première année, vers le mois d'octobre, on peut obtenir une excellente coupe. On a remarqué qu'un trèfle ainsi fauché à cette époque fournissait l'année suivante une coupe plus abondante.

La première coupe est faite en juin. Celle-ci est mangée en vert par les animaux de la ferme ou convertie en foin pour l'hiver.

La deuxième coupe est faite ainsi : vers le mois d'août, on coupe 0 ha. 75 seulement. Le produit de cette coupe est séché et mis dans le grenier à foin.

Les 0 ha. 25 restant sont conservés jusqu'au 15 septembre, afin de fournir la graine nécessaire pour le semis de l'année suivante.

Ce trèfle, cultivé en vue de la production des graines, est coupé, séché et battu au fléau.

Le champ est ensuite labouré, vers la fin septembre et, après le trèfle, on fait toujours un blé, qui est le meilleur de la ferme. Le trèfle a fourni l'azote ; on y ajoute des scories, qui apportent CaO et P^2O^5 ; c'est donc celui qui est placé dans les meilleures conditions de végétation. Il arrive à donner de bons rendements pour le pays, variant entre 20 à 22 quintaux à l'hectare.

Culture dérobée dans la 2e sole : Raves (2 ha.)

Chaque année, on sème, après le blé, 2 hectares de raves en culture dérobée. Le sol silico-argileux, donc assez léger, lui convient bien ; le climat tempéré et l'existence d'un automne assez humide permettent sa culture avantageuse.

Variétés. — Rave du Limousin, racine oblongue, à collet verdâtre, en partie au-dessus du sol.

Place dans l'assolement. — La moisson est faite en juillet. Le sol est donc débarrassé de sa récolte assez tôt pour qu'on puisse faire une culture dérobée de raves avant les froids trop rigoureux.

Préparation du sol. — On donne un labour léger après la moisson, le sol est ameubli par un hersage et on sème la graine à la volée à raison de 4 à 5 kgs par hectare. Un deuxième hersage est pratiqué pour recouvrir la graine.

Soins de végétation. — On fait un léger hersage à la levée afin d'ameublir le sol, d'arracher les mauvaises herbes et d'éclaircir si les plantes sont trop serrées. Si l'herbe pousse en trop grande quantité, en fin août et septembre, on est obligé d'effectuer un binage à la main.

Engrais. — On n'en met jamais ; cette culture a pour but d'absorber les nitrates que le blé aurait laissés au sol et qui pourraient se perdre pendant d'hiver.

Récolte. — La rave ne gèle pas dans nos contrées et l'arrachage se fait au fur et à mesure des besoins à partir de fin octobre jusqu'en décembre.

En général, on obtient à peu près de 12 à 15 tonnes à l'hectare, rendement moyen pour une culture dérobée. Ces plantes sont arrachées à la main et on conduit à la ferme racines et fanes.

Les *fanes* sont données aux vaches en lactation, comme supplément de nourriture, le lait n'étant consommé que par les veaux, le goût de crucifère qui peut être donné par celles-ci n'est donc guère à redouter.

Les *racines* servent à l'alimentation des porcs ou des bovins à l'engrais.

C'est une excellente culture dérobée, qui rend de gros services dans nos pays où la betterave ne donne pas de forts rendements.

Prairies naturelles (10 ha.)

Comme nous l'avons déjà dit plus haut, nous trouvons 10 hectares de prairies naturelles à la ferme A. Nous allons étudier les points suivants :

1° Le sol ;
2° La flore : utile, nuisible ;
3° Organisation ;
4° Travaux divers ;
5° Engrais, irrigation ;
6° Usages : récolte du foin, pâturage.

1° Le sol. — Alors que les terres de la ferme sont situées sur le flanc d'une colline, les prairies naturelles sont groupées presque totalement sur les bords d'un cours d'eau appelé la « Vayres » ; celui-ci, encore à sa naissance, puisqu'il prend sa source sur les terres de la ferme, n'est pas très important ; cependant, il fournit au sol une humidité suffisante permettant une exploitation favorable des prairies.

Le sol est formé par de l'argile et de la silice mélangées en proportions variables. Le sous-sol, formé par l'argile, est très imperméable. Les terres conviennent donc parfaitement à l'établissement des prairies, qui sont d'un excellent rendement.

2° Flore. — Une prairie ne peut être appréciée avant d'en connaître la flore. Pour étudier celle-ci, nous devons diviser les plantes qu'on y rencontre en deux grandes catégories :

a) Plantes favorables ;

b) Plantes nuisibles.

a) *Plantes favorables.* — Celles-ci se répartissent entre deux grandes familles botaniques : les graminées et les légumineuses.

a) *Graminées*

Se rencontrent environ dans le rapport de 6/10e :

le paturin des prés,
— commun,
la fétuque des prés,
la houlque laineuse,
le dactyle pelotoné,
la flouve odorante,
et l'avoine élevée.

b) Les principales *légumineuses* rencontrées sont :

Dans le rapport de 2/10ᵉ :

le trèfle violet,
— blanc,
le lotier corniculé.

c) *Les plantes nuisibles* (2/10ᵉ). On rencontre :

Un peu partout :

le plantain lancéolé,
le pissenlit.

Dans les parties humides :

les renoncules,
les joncs,
les carex.

Dans les prés secs :

les mousses,
les ajoncs,
les bruyères,
les fougères.

On cherche à détruire les plantes de cette deuxième catégorie :

1° En les fauchant ; elles servent alors de litière au bétail ;

2° En mettant des scories ;

3° En les arrachant.

III. — **Organisation**

Les prairies sont divisées en plusieurs parcelles dont l'étendue est variable. Elles sont clôturées au moyen de haies vives : c'est le meilleur entourage et le mode de clôture le plus employé en Haute-Vienne.

Ces haies sont formées par des arbrisseaux : ronces, buissons, saules, etc., et par des grands arbres dont les principaux sont surtout des chênes et des châtaigniers.

Ces derniers sont élagués par le colon, qui se sert du bois ainsi abattu pour son chauffage. On entre dans les prairies au moyen de barrières ou « claies ».

Dans les prairies qui ne sont pas sur les bords du cours d'eau, on a pu facilement creuser des mares, afin de retenir l'eau nécessaire au bétail. Pour que les animaux puissent s'abreuver avec plus de facilité, on a creusé un trou carré dont un des côtés est aménagé en pente douce.

IV. — **Travaux divers**

Ce sont les suivants :

1° Creusement et nettoyage des rigoles d'irrigation ;

2° Fauchage des « refus », que l'on utilise comme litière ;

3° Etaupinage et épandage des bouses ;

4° Ramassage des feuilles des arbres ;

5° Taille des haies et élagage des arbres.

Ces travaux sont presque tous effectués pendant la période d'hiver.

V. — Engrais et irrigations

1° *Scories.* — On en met 300 kgs à l'hectare tous les trois ans. Cet engrais donne, en effet, à la fois au sol la chaux et l'acide phosphorique dont il manque. Il ne faut pas hésiter à apporter aux prairies ces éléments si l'on veut restituer au sol ce qu'on lui a pris, soit par l'enlèvement du foin, soit par le pâturage. C'est seulement par une restitution régulière que l'on arrive à avoir des fourrages très nutritifs.

2° *Composts.* — Faits avec les curures de mares, les terres des fossés d'irrigation, les terres de routes, les feuilles des arbres amassés dans les prés, le tout mélangé à la chaux.

3° *Irrigation.* — Le troisième amendement et le plus important, me semble-t-il, c'est l'irrigation. L'eau, chargée de matières fertilisantes, descend la colline et apporte à nos prairies tout ce qu'elle a ravi à nos terres. Il s'agit donc de ne pas la laisser aller à la rivière, emportant les engrais que l'on a mis dans le sol. C'est dans ce but qu'elle est arrêtée dans des mares ou des bassins, et ensuite sagement dirigée sur les parties les moins fertiles de la prairie.

VI. — Usages

Les prairies de la ferme sont soumises à deux méthodes d'exploitation :

1° Fauchage ;

2° Pâturage.

I. FAUCHAGE

Chaque année, on fauche 8 hectares de prairies naturelles pour se procurer le foin utile à l'entretien du bétail durant l'hiver. Sur cette étendue, on fait une première coupe en juin. Sur les 8 hectares fauchés, 6 sont livrés au pâturage du bétail pour les deuxièmes coupes et regains ; sur 2 hectares seulement, on récolte la deuxième coupe vers la fin août ou le début de septembre.

Récolte du foin

Le foin est coupé à la faucheuse, traînée par des bœufs ou des vaches. Prenons, par exemple, du foin coupé le matin, nous allons voir les opérations qu'il va subir :

Aussitôt la levée de la rosée, l'herbe fauchée est étalée avec des fourches. Vers midi, le foin est retourné avec des râteaux et, le soir, il est mis en meulons. Le lendemain, on le répand une deuxième fois sur le sol et, après qu'il a été rassemblé au râteau, il est remis en meulons. Le troisième jour, il subit la même opération, mais au lieu de le mettre en meulons le soir, on le rentre à la ferme.

La première coupe donne 4.500 kgs de foin sec à l'hectare et la deuxième, entre 15 et 1.700 kgs.

II. PATURAGE

Du mois d'avril au mois de juin, le bétail de la ferme pâture le trèfle incarnat, les « clos » que l'on étudiera plus loin et les deux hectares de prairies non fauchées. A partir du mois de juin, lorsque le foin des 6 hectares est rentré et que le regain a repoussé, on met les animaux dans ceux-ci. Le bétail est mis en pâture de 5 heures du matin à 10 heures et de 4 heures à 9 heures du soir en été. On voit donc qu'il est rentré à l'étable durant la forte chaleur du jour, afin qu'il ne soit pas incommodé par les mouches et les rayons trop ardents du soleil.

Au pâturage, le troupeau est surveillé par un jeune vacher aidé d'un chien.

Mauvaises pâtures ou « Clos » (2 ha.)

Ces prairies, par suite d'un mauvais entretien, ont été envahies par le ajoncs, les bruyères et les fougères. Composées encore de quelques maigres graminées, elles servent au pâturage des bovins pendant quelques jours, au printemps, et, après eux, elles sont livrées aux ovins.

Ces sols assez fertiles pourraient, grâce à des soins d'aménagements et à quelques travaux, être améliorés et former de bonnes prairies, sinon permanentes, du moins temporaires. Nous indiquerons plus loin quels seraient les moyens de les utiliser le plus avantageusement.

Landes et Châtaigneraies (3 ha.)

1° *Landes.* — La production de la paille n'est pas suffisante, à la ferme, pour fournir toute la litière du bétail. Les landes, favorables à la production des ajoncs, des bruyères, etc., donnent des produits qui, fauchés, sont conduits à la ferme et fournissent un supplément de litière pour le bétail bovin, en général.

Il serait préférable d'y faire produire du blé, voire même du seigle, si le blé a des difficultés à y venir ; en plus de leur paille, employée comme litière, ces plantes fourniraient encore un peu de grain.

Ces landes sont utilisées, mais peu souvent, comme parcages à moutons. Elles seront pour nous un sujet d'amélioration que nous exposerons plus loin.

2° *Châtaigneraies.* — Autrefois, les châtaigneraies abondaient en Limousin ; de nos jours, elles se font de plus en plus rares, car la terrible maladie de l'encre, qui a décimé les plus beaux de nos arbres, est en train de nous déposséder de ceux qui avaient résisté jusqu'alors.

C'est un fléau, certes, mais jusqu'à quel point ? Car de nos jours, la main-d'œuvre se faisant de plus en plus rare, même dans les familles de nos métayers, ceux-ci exécutant les travaux les plus importants, ne ramassaient plus le fruit de ces arbres. De plus, le châtaigniers non greffés de nos pays ne donnaient souvent qu'un fruit de valeur médiocre et peu apprécié sur les marchés. Dans de telles conditions, ces fruits auraient coûté plus cher à faire récolter qu'ils n'auraient valu en réalité. Donc la perte de nos arbres n'est pas aussi considérable qu'on le pense et il est préférable de livrer le sol à la culture et à la création des prairies, plutôt que d'essayer de reboiser ces champs par des châtaigniers, qui seraient à leur tour voués à la même maladie. Mais pour certaines parties peu favorables à la culture, si nous sommes forcés de procéder au reboisement, celui-ci sera fait à l'aide des châtaigniers, bouleaux, chênes que l'on traitera en taillis, comme cela existe déjà dans la région.

Bois

Le domaine de l'Ecubillon possède une étendue de 6 hectares 59 ares 35 centiares, exploités en bois. Ceux-ci ne sont pas soumis au métayage, mais dirigés directement par le propriétaire, qui se réserve le droit de les exploiter et conserve seul le prix retiré de la vente de leurs produits. Le bois d'élagage des haies vives, qui entourent les prairies et les terres, suffit d'ailleurs largement aux divers besoins du colon.

Situation

Ces bois sont situés sur les parties les plus pauvres de la ferme, là où la culture et l'établissement des prairies ne peut pas être avantageux, en raison de l'existence d'une faible quantité de terre végétale tout à fait médiocre. En général, ce sol gneissique contient peu de miscaschistes ; c'est donc une terre très siliceuse, à peu près dépourvue d'argile. De plus, les bois occupent des flancs de collines, lavés sans cesse par les eaux de pluies, qui entraînent la plupart des principes fertilisants dans la vallée.

Aménagement

Les *routes* et les *chemins* sont nombreux et en assez bon état pour permettre un enlèvement facile des bois.

Le peuplement est traité des deux façons suivantes :

1° En taillis proprement dit ;

2° En taillis sous futaie.

1° EN TAILLIS PROPREMENT DIT

Environ 5 hectares 59 ares 35 centiares sont exploités en taillis proprement dit, c'est-à-dire que le peuplement est coupé presque totalement au moment de la vente. Pour une pareille exploitation, on a choisi des essences silicicoles, demandées par la nature du sol et, de plus, des espèces qui repoussent bien de souche. Celles-ci sont :

le châtaignier......	6/10e	du peuplement.
le chêne pédonculé.	3/10e	—
le bouleau.........	1/10e	—

Ces essences fournissent de bons résultats, comme nous le verrons plus loin.

Sur les bords des taillis, aux endroits où ils seront le moins néfastes à ces essences qui réclament de la lumière, on laisse quelques baliveaux, surtout des chênes et des châtaigniers, non en vue de la vente, mais dans le seul but d'obtenir des planches et du bois de charpente dont on a toujours besoin pour les diverses réparations à effectuer à la ferme.

2° TAILLIS SOUS FUTAIE

L'exploitation en taillis sous futaie n'est guère pratiquée que sur 1 hectare. La futaie est composée uniquement par du pin sylvestre, qui réussit très bien. Le sous-bois est composé de châtaigniers, environ les 9/10e, et 1/10e de chênes. La futaie pousse très bien ; elle est assez épaisse, afin de permettre aux résineux d'acquérir un fût très droit et très allongé. Par contre, à cause de l'ombre fournie par ceux-ci, le sous-bois pousse lentement et ne peut donner que du menu-bois de chauffage.

EXPLOITATION

Elle se fait, pour le taillis proprement dit, tous les quinze-dix-huit ans, ainsi que pour le taillis sous futaie ; la futaie de résineux n'a encore jamais été exploitée ; elle ne pourra l'être avantageusement que d'ici quelques dizaines d'années.

Etude des essences

1° LE CHATAIGNIER

C'est un arbre de la famille des cupulifères, il entre pour une grande part dans le peuplement des bois de la ferme ; son couvert est intermédiaire entre celui du chêne rouvre et celui du hêtre. Le jeune sujet est assez robuste. Il s'accommode très bien des terres silico-argileuses et du climat tempéré de la région. De plus, repoussant très bien de souche, il convient parfaitement au genre d'exploitation auquel on le soumet. Le menu bois d'œuvre ainsi produit, vers l'âge de quinze à vingt ans, est fort recherché.

Le châtaignier est ainsi traité très avantageusement parce qu'il pousse très vite dans le jeune âge. Il permet donc des coupes à la fois fréquentes et abondantes. Il est en plus doué d'une grande longévité.

Le bois des taillis de châtaignier est apprécié surtout comme bois de tonneaux, piquets de mines, merrains, fagots.

On n'a pas constaté que les souches de châtaignier exploités en taillis aient souffert de la maladie de l'encre, qui a détruit nos châtaigneraies.

2° LE CHÊNE

Mélangé au châtaignier, le chêne pédonculé constitue à peu près les 3/10e des essences employées dans les bois de la ferme. La seule utilisation du bois fourni par le chêne exploité en taillis est la confection de fagots et de bois de chauffage.

Le chêne pédonculé est aussi laissé comme baliveau sur le bord des taillis. Ceux-ci servent comme bois-d'œuvre utile à la ferme (planches, bois de charpente, etc.).

Les haies vives qui entourent les prairies naturelles et même les champs de culture, servant ainsi à limiter les parcelles de la propriété, sont en grande partie composées d'arbustes (buissons, ronces) et d'arbres (chênes, 8/10e ; châtaigniers et divers, 2/10e). Ceux-ci fournissent des revenus très avantageux par suite de débouchés spéciaux pour la fabrication des traverses de chemins de fer. Ces bois constituent des réserves, qui sont exploitées certaines années où les taillis ne sont pas assez âgés pour être coupés.

Nous traiterons plus loin cette question des haies vives au point de vue de leurs avantages et inconvénients et nous dirons dans quels cas il y a lieu de les conserver ou de les faire disparaître.

ENNEMIS ET MALADIES

Hanneton. — A l'état de larve, le hanneton coupe les racines, tandis qu'il ronge les feuilles à l'état adulte. Le meilleur moyen de destruction est le ramassage des insectes ; mais ce procédé est peu employé, par suite du prix élevé de la main-d'œuvre.

Oïdium du chêne. — Champignon ayant l'aspect d'une poudre blanche que l'on trouve sur les baliveaux et même sur les pousses des taillis à partir de la fin mai. Les dégâts sont relativement peu considérables.

La gelivure. — Assez répandue sur les chênes des haies vives ; elle est produite par l'action de la gelée. On voit sur l'écorce de l'arbre une fente. Le bois est alors peu employé comme bois-d'œuvre ; il sert surtout comme combustible ; les arbres atteints de la gélivure sont peu appréciés par les marchands.

3° BOULEAU

Cet arbre repousse bien de souche et drageonne fortement. Son bois croît rapidement jusqu'à 50 ans, donc il est très avantageux à traiter en taillis. Cet arbre est indifférent au point de vue du sol et du climat ; cependant, il faut noter qu'il pousse bien en sol léger et en climat tempéré, ce qu'il trouve à l'Ecubillon. Son bois, coupé en même temps que le bois de châtaignier ou de chêne, avec lesquels il est mélangé, sert de combustible. Il est recherché par les boulangers, car il donne une forte flambée et laisse peu de cendres.

Sur le bord des cours d'eau et dans les haies des prairies humides de la vallée, nous trouvons quelques *aunes glutineux* ou « vergnes ». Cet arbre est très employé pour fabriquer des objets que l'on doit laisser plonger dans l'eau. C'est le bois qui résiste le mieux à l'action putride de cet élément.

Vente des bois

Chaque année on vend un lot de bois. Il est composé soit de coupes de taillis, soit d'arbres des haies vives. La vente est faite en général à des marchands du pays qui, par sous-seing privé, s'engagent à enlever le bois dans un délai fixe.

Ainsi, les coupes de taillis doivent être enlevées en avril-mai, afin que les charrois nombreux ne cassent pas les nouvelles tiges. Les bois produits par l'exploitation des haies vives doivent être enlevés avant la pousse de l'herbe dans les prairies et assez tôt dans les terres pour permettre les semis de printemps.

La coupe du taillis est vendue à l'hectare un prix fixé d'après la quantité du matériel existant. Les marchands évaluent celui-ci sur pied d'après la densité des souches, et le bois fourni par chacune d'elles.

Les frais d'exploitation sont payés par l'acheteur qui, en général, possède des équipes d'ouvriers capables d'assurer un travail rapide imposé par les conditions du sous-seing. Certains sont aussi spécialisés dans la fabrication du feuillard, des merrains, échalas, etc.

LES TRAVERSES DE CHEMIN DE FER

Elles sont, en général, faites dans les chênes ayant poussé dans les haies des champs d'exploitation. Ces arbres sont vendus d'après le rendement en traverses, à raison de 10 francs l'une. Ainsi un arbre ayant 15 traverses sera payé 150 francs. Les frais d'abatage, de sciage et de transport sont en plus à la charge de l'acheteur.

Les traverses étaient faites autrefois par les scieurs de long, mais ce travail pénible, lent et onéreux est de plus en plus remplacé par la scierie mécanique.

PRODUITS DU TAILLIS

Ils sont surtout exportés vers les régions viticoles des Charentes et du Bordelais, puisqu'en général on obtient des matériaux utiles aux vignerons (échalas, cercles de tonneaux, etc.).

CHAPITRE VI

BÉTAIL

Le bétail étant la source principale des bénéfices du métayer et du propriétaire limousin, les spéculations animales de la ferme devront être pour nous l'objet d'une étude approfondie.

Nous allons donner le nombre des animaux que possèdent les deux domaines de l'Ecubillon et la ferme de la Tamanie :

	FERME A	FERME B	TAMANIE
Bovins :			
Bœufs	2	2	4
Bouvillons	2	2	2
Vaches	9	6	5
Génisses de 1 an	1	2	2
Veaux de moins d'un an	6	4	5
Porcins :			
Truies mères	3	2	1
Jeunes truies	1	1	
Porc à l'engrais	6	4	4
Ovins :			
Brebis mères	25	18	Néant
Béliers	1	1	—
Agnelles de lait	5	4	—
Agneaux	21	16	—

Les spéculations animales étant absolument les mêmes dans chacune des trois fermes, il suffira, comme pour les spéculations végétales, d'étudier celles-ci dans une seule ferme que l'on citera comme exemple. Nous étudierons les différentes spéculations de la Ferme A, dirigée par le colon Léonard :

1. — BOVINS

Avant de traiter les spéculations bovines à la ferme, nous allons donner quelques généralités sur la race bovine limousine.

ÉTUDE DE LA RACE

La race bovine, en Haute-Vienne, est uniquement composée de sujets de race Limousine. Cependant, certaines fermes situées dans les environs des villes ou des principales bourgades possèdent des animaux de race Bretonne, Normande ou Parthenaise, en vue de la production laitière. La vache Limousine possède un lait très crémeux, excellent, mais en trop petite quantité pour que le laitier puisse obtenir les mêmes bénéfices qu'avec les races laitières citées plus haut.

La race bovine Limousine, comme nous l'avons déjà dit, est la fille du Herd-Book limousin et de l'alimentation rationnelle. Ces deux facteurs puissants ont, en effet, placé notre belle race à la tête du classement des races de boucherie et de travail. L'élevage bovin à la ferme Limousine est donc pratiqué pour les deux buts suivants : production de la viande et production du travail, auquel il faut joindre, comme dans toute zone d'élevage intensif, la production des jeunes.

Jadis, à la ferme limousine, l'élevage bovin offrait des animaux en nombre réduit, par rapport à l'étendue et chez lequel la qualité ne suppléait en rien à la quantité. Mais depuis l'amélioration de la culture en Limousin, par l'introduction de calcaire dans les terres, permettant la culture du trèfle et l'apport de scories dans les prairies naturelles, le fourrage obtenu a été beaucoup plus nutritif et plus abondant. En outre, le Herd-Book limousin a incité le cultivateur à la sélection de son bétail, donnant des primes aux meilleurs sujets.

CARACTÈRES

Les animaux ont les caractères suivants :

La robe est blonde, allant du froment clair au froment foncé d'un rouge vif. Le mufle et les paupières, le pourtour de l'anus et la vulve doivent être dépourvus de pigmentations noires. La peau des animaux est souple, onctueuse, recouverte de poils doux et souvent frisés.

Le squelette est fin, les membres réduits supportent un corps élégant et des masses musculaires puissantes. La cuisse et la fesse sont très développées, formant la « culotte » très recherchée par les sélectionneurs. La tête est forte, le front large, le fanon puissant, la poitrine large et bien descendue. La côte ronde, le dos et les reins larges ; la fesse, quoique volumineuse, est nettement détachée du jarret.

Les animaux engraissés et vendus à la boucherie offrent les poids suivants :

Bœufs	de 700 kgs	à 1.000 kgs
Vaches	de 550 kgs	à 850 kgs
Taureaux	de 800 kgs	à 1.100 kgs
Chatrons de 3 ans	de 350 kgs	à 550 kgs
Génisses	de 300 kgs	à 500 kgs

Ces animaux donnent des rendements en viande variant avec leurs formes et leur état d'engraissement.

Pour les bœufs, vaches et taureaux, on obtient de 50 à 60 % de rendement en viande.

Les génisses et châtrons rendent en viande nette de 55 à 68, quelquefois 70 % de leur poids vif.

Malgré les nombreuses qualités offertes par notre race bovine, on lui a adressé certains reproches. C'est ainsi que M. de Lapparent, dans son ouvrage sur *l'Elevage des Bêtes bovines*, dit ceci : « Les éleveurs limousins ont trop recherché la perfection des formes et la précocité, aux dépens de la taille et de la puissance ».

L'amélioration réalisée sur nos bovins a été plutôt en faveur de la production de la viande que de la production du travail. Malgré leur taille, nos animaux sont suffisants pour les façons culturales de nos sols légers et faciles à cultiver. Il en est de même pour les régions où ils sont exportés comme moteurs (Dordogne, Charente). Cependant, M. de Lapparent mettait en jeu la question de la production de la viande, et peut-être voulait-il démontrer que l'on aurait avantage à obtenir une race plus développée, qui fournirait plus de poids.

Ceci est vrai, mais la perfection des formes et la précocité, comme il le dit lui-même, y suppléent largement.

A ce sujet, M. Reclus écrivait ceci dans un de ses rapports sur les bovins Limousins :

« A taille égale, le poids des animaux a sensiblement augmenté ces dernières années, et la taille n'a pas diminué, bien que leur état de graisse fasse paraître des membres relativement plus courts et plus grêles. »

Il faudra donc que les éleveurs luttent contre la réduction de la taille par l'introduction d'engrais phosphatés et calcaires dans le sol des prairies naturelles, par des accouplements moins précoces, surtout pour les génisses, et par l'utilisation pour la saillie de taureaux adultes.

La spéculation bovine à la ferme

Nous étudierons : 1° les bœufs ; 2° les vaches.

1. — **BŒUFS**

Comme dans toute ferme limousine, il y a une paire de bœufs de travail, pour exécuter les lourds travaux de la ferme. L'été, ils sont secondés dans leur labeur par les vaches, mais ils suffisent aux besoins de l'exploitation pendant l'hiver. Ils sont naturellement de race Limousine.

SPÉCULATION

Ils sont élevés à la ferme ou quelquefois achetés sur le marché à l'âge de 10 à 12 mois.

Quels caractères recherche l'éleveur limousin pour procéder à la formation d'un attelage de bœufs ?

Il veut que les animaux forment une belle paire ; pour cela, il recherche des veaux de même taille, de même âge, ayant sensiblement la même conformation et le même cornage, si possible.

Ce sont les caractères recherchés par les acheteurs de la Dordogne et de la Charente, nos principaux clients. Ils sont donc importants à connaître pour celui qui vendra ses bœufs comme bœufs de travail.

Le cultivateur, au contraire, qui achètera des bœufs pour l'engraissement, ne recherchera pas les mêmes caractères : il préférera des animaux grands, bien développés, en un mot capables de produire le maximum de viande de première qualité.

A l'âge de quinze à dix-huit mois, on pratique la castration par le moyen dit du bistournage. C'est le mode le plus employé dans la région. Les bouchers l'apprécient beaucoup, parce qu'il fournit sur les bœufs gras un maniement spécial dit de « la brague », qui leur permet de se renseigner sur l'état de graisse de l'animal.

A l'âge de dix-huit à vingt-deux mois, ils sont dressés et habitués peu à peu à un travail léger. Entre trente et trente-six mois, selon les besoins, ils sont mis aux lourds travaux.

Dès que les deux jeunes bœufs ont atteint l'âge de dix-huit à vingt mois, ceux qui sont âgés de cinq à six ans sont réformés et vendus, soit comme bœufs de travail, soit comme bœufs de boucherie.

Pendant les trois années où les bœufs dressés exécutent le travail de l'exploitation, et afin d'avoir toujours deux vieux bœufs de travail et deux jeunes, le métayer se livre à la production des bouvillons qu'il vend à l'âge de dix-huit à vingt-cinq mois.

NOURRITURE

Hiver. — La ration des bœufs à la ferme est composée de foin de trèfle et de foin de prairies naturelles. Cette ration est suffisante parce qu'ils ne fournissent pas de forts travaux à cette époque.

Les jours où l'effort est plus considérable, on ajoute à la ration normale 15 à 20 kgs de topinambours par bœuf.

On donne donc :

Foin de prairies............	12 kgs
Foin de trèfle................	5 »
Paille	3 »

R. N. = 1/5,7

Eté. — En dehors des heures de travail, les bœufs sont mis en pâture avec les autres bovins. Ils consomment l'herbe des pâtures ou « clos », le trèfle incarnat et certains prés qu'on ne fauche pas. Après la fenaison, ils sont mis dans les regains des prairies naturelles.

Dès le mois de mai, les animaux sont mis à la pâture deux fois par jour. Le matin, ils sortent de 5 à 9 heures et, le soir, de 6 heures jusqu'à la nuit. Les animaux sont donc rentrés durant la nuit et pendant les fortes chaleurs du jour.

Les bovins ne vont plus en pâture à partir du début de novembre.

FERRURE

Les bœufs de travail sont ferrés par le maréchal, à Oradour-sur-Vayres. Celui-ci prend 4 francs par pied, ce qui fait 16 francs par bœuf. On compte environ cinq ferrures, ce qui fait 80 francs par bœuf et par an.

TRAVAIL

Il est difficile d'évaluer le travail des deux bœufs de la ferme, parce qu'ils ne sont pas attelés régulièrement toute la journée, et même tous les jours. Nous pensons ne guère nous éloigner de la vérité en l'estimant à 170 jours par an.

Réforme

Le propriétaire limousin estime qu'un bœuf âgé de six ans doit être réformé. A cette époque, il est doué d'une grande force, il peut produire le maximum de travail, mais celui-ci coûte très cher à cause de l'amortissement qu'il faut compter. Le cultivateur de notre région a donc avantage à ne pas garder ses bœufs trop vieux. A six ans, c'est l'âge où le bœuf a atteint son plein développement; bien engraissé, il est capable de fournir une viande d'excellente qualité.

PRÉPARATION EN VUE DE LA VENTE

Nous aurons à considérer deux cas qui se présentent à la ferme et dans la région de Rochechouart, d'après les cours pratiqués pour l'une ou l'autre catégorie d'animaux :

1° Vente des sujets pour le travail ;

2° Vente pour la boucherie.

1° Bœufs de travail. — L'époque comprise entre le 8 septembre et le 8 octobre est, pour les arrondissements de Rochechouart et Saint-Yrieix, une période où les bœufs de travail abondent sur les marchés. Leur vente est facile, car ils sont recherchés par les engraisseurs de Limoges et du Dorat et par les acheteurs du Périgord et des Charentes. Ces derniers sont venus en Limousin chercher des bœufs qui serviront à effectuer les semailles de blé. Après leur engraissement pendant l'hiver avec des choux et des topinambours, ces animaux seront livrés à la boucherie.

Le cultivateur vend ses bœufs soit parce qu'il juge posséder un bétail suffisant à nourrir pour l'hiver, soit parce qu'il prévoit que les plantes (racines, topinambours) ne fourniront pas une récolte assez abondante pour lui permettre d'entreprendre avantageusement l'engraissement de ses deux bœufs.

Régime. — Les bœufs destinés à la vente sont délivrés de tout travail dès la fin de la moisson, c'est-à-dire dans le courant d'août. Ils sont mis dans un pré où un regain de bonne qualité abonde et, à leur entrée à l'étable, ils reçoivent une ration de maïs-fourrage.

Les animaux ainsi traités sont vite en chair ; on procède à leur vente en général vers la fin de septembre, époque la plus favorable pour notre ferme.

Certaines années, ce mode de vente est plus rémunérateur que l'engraissement parce qu'il nécessite moins de frais. De nos jours, pour acheter une bonne paire de bœufs de six ans, il faut compter de 7.000 à 8.500 francs. Ces prix varient selon la qualité des sujets.

2° Bœufs de boucherie. — Le métayer qui a besoin de ses bœufs pour effectuer les semis d'automne, et qui dispose d'une nourriture suffisante, pratique l'engraissement.

En fin novembre, une fois les travaux d'automne terminés, les bœufs sont mis à l'auge. Pendant le mois de décembre, en général, ils sont remis de leurs fatigues et préparés à l'engraissement par une ration d'entretien un peu plus abondante. A partir du début de janvier, on leur donne une ration d'engraissement ainsi composée :

Par bœuf et par jour :

Foin de prairies..........	7 kgs 500
Topinambours	50 kgs
Betteraves ou raves......	10 kgs
Son ou tourteau de colza..	0 kg. 500

Les bœufs sont gras dans une période variant du 20 mars au 20 avril. A cette époque, ils sont vendus au cours du jour, à des expéditeurs, qui les envoient généralement au marché de la Villette, où nos bovins sont toujours très appréciés.

Production des bouvillons

Les bœufs sont remplacés tous les trois ans, en général. Pendant ce temps, afin d'avoir toujours la même quantité de bétail, le métayer limousin (dans la région de Rochechouart et Saint-Yrieix) entreprend la production de bouvillons. Chaque année, il conserve de son élevage, deux veaux mâles de belle venue ; ceux-ci, au lieu d'être vendus à dix ou douze mois, ne le seront que vers vingt-quatre ou trente mois. Durant l'été, ils seront castrés et conduits au pâturage avec le troupeau de bovins. Durant l'hiver, ils sont nourris à l'étable et reçoivent :

Par bouvillon et par jour :

Foin	5 kgs
Topinambours	15 kgs
Betteraves	5 kgs.

Les animaux sont maintenus ainsi en bon état de chair. Le métayer, n'ayant pas de travaux pressants à cette époque, les habitue au travail et les vend en mars-avril à des acheteurs du nord de la Haute-Vienne, qui viennent les chercher pour former leurs attelages de printemps. Cette spéculation est très avantageuse et fournit au métayer, aussi bien qu'au propriétaire, un bon revenu.

II. — VACHES

La vacherie du colon Léonard est composée de huit vaches Limousines et une Normande. Nous allons étudier les spéculations auxquelles donnent lieu ces animaux :

1° Vaches Limousines. — Elles sont entretenues dans les buts suivants :

a) Production du travail ;
b) Production des jeunes ;
c) La vente.

a) Production du travail

Si les bovins Limousins fournissent à la boucherie une viande de premier choix, ils ne sont pas inférieurs aux autres races pour la production du travail. Dans ce dernier but, les vaches ne le cèdent pas aux bœufs. Les femelles sont très rustiques et douées d'une grande vivacité. Elles suffisent à la petite et à la moyenne exploitation, pour effectuer les travaux de la ferme et, malgré leurs fatigues, arrivent à nourrir leurs veaux d'une façon convenable.

M. Reclus dit, en parlant des vaches Limousines : « Légères et adroites à la marche, elles font mieux que ne feraient des bœufs plus lourds, les nombreux charrois nécessités par la petite dimension des charrettes dans un pays très souvent fortement accidenté. »

Malgré leur petite taille, ces animaux sont énergiques et courageux ; ils fournissent, pour les travaux de nos terres légères, des moteurs suffisants et bon marché. Pour l'exploitation limousine, la vache est plus avantageuse que le bœuf, parce qu'elle fournit un veau qui diminue de beaucoup le prix de revient de la journée de travail. Quoique moins forte, la vache possède un pas plus rapide que le bœuf. Elle se contente aussi d'une nourriture moins délicate et moins choisie. Toutes ces causes font qu'en Haute-Vienne, la vache Limousine est l'animal le plus employé à la traction.

Ce serait aussi une erreur de croire que le travail des vaches est excessif ; il n'en est rien. En effet, l'exemple que nous citons peut nous en convaincre. Cette ferme possède 13 hectares de cultures et, pour effectuer les façons culturales, il y a deux bœufs et huit vaches ; on voit donc que la part de chaque animal n'est pas grande.

Durant l'hiver, les vaches travaillent peu, pour ne pas dire pas du tout, les bœufs étant largement suffisants aux travaux de cette époque.

A l'époque des semis de printemps et d'automne, au moment de la fenaison et de la moisson, on peut dire que les vaches travaillent à peu près une demi-journée. Les animaux ayant été au travail le matin se reposent le soir, car, à midi, les attelages sont changés.

b) **Production des jeunes**

Les vaches sont saillies en mars-avril, en général, afin d'obtenir le vêlage en décembre-janvier, époque à laquelle ces animaux n'ont pas de durs travaux à effectuer, et où le métayer étant peu occupé au travail des champs, pourra prodiguer les soins aux mères et à leurs produits.

SPÉCULATION

Chaque année, on vend une vache de la façon que nous citerons plus loin. Pour la remplacer, on élève une génisse, en général la plus belle et celle provenant d'une des meilleures mères. Cette génisse est saillie à l'âge de dix-neuf ou vingt mois. A ce sujet, le métayer a tendance à mettre trop tôt au taureau les génisses qu'il élève, et leur fécondation trop précoce nuit à leur développement. Le seul mobile qui les guide en la matière, c'est la question des bénéfices. Dans ce cas, le rôle du propriétaire est de lui démontrer le préjudice réel qu'il subit en agissant de la sorte.

TAUREAU

Jadis, il y avait un taureau qui servait à la saillie des vaches des deux domaines, mais son entretien a été abandonné. Depuis quelques années, en effet, dans une ferme voisine, on a la facilité de faire saillir les vaches à raison de 5 francs l'une, par un taureau inscrit au Herd-Book limousin. Il est donc plus avantageux d'y conduire les vaches que d'entretenir un animal pour cet usage.

LA MISE-BAS

Elle s'effectue toujours dans les conditions normales et il est rare que le vétérinaire ait à intervenir. Les vaches sont exemptes de tout travail quinze jours avant le vêlage et un mois après.

Les pertes de veaux sont rares. Cependant, l'an dernier, il y eut une épidémie de diarrhée qui amena la mort de trois veaux. Les autres animaux atteints furent rapidement soignés à l'aide d'un produit connu sous le nom d'eau « Dozières », que le vétérinaire nous a fourni.

NOURRITURE DES VACHES

L'été. — Les vaches sont nourries de la même façon que les bœufs ; cependant, celles qui allaitent encore leurs veaux, reçoivent, en rentrant à l'étable, un supplément de maïs-fourrage ou de deuxième coupe de trèfle.

L'hiver. — La ration est identique à celle des bœufs, mais après la bise-bas, afin que la vache produise plus de lait, on ajoute à la ration 10 kgs de raves par animal et par jour.

SOINS DONNÉS A L'ÉPOQUE DU VÊLAGE

A la naissance, le jeune sujet est nettoyé par sa mère. Le cordon ombilical est coupé. Comme on le voit, les soins sont très réduits pour le jeune sujet.

Après le vêlage, la mère est soumise à un régime spécial. Les premiers jours, sa ration de foin est un peu diminuée et complétée par du son ou de la farine d'orge donnée dans de l'eau tiède.

ALIMENTATION DES VEAUX

Les jeunes veaux, du jour de la naissance jusqu'à l'âge de cinquante ou soixante jours, ne prennent d'autre nourriture que le lait maternel. L'allaitement est naturel, c'est-à-dire que le veau prend directement le lait au pis de la mère. Durant cette période, le veau tette trois fois pas jour. Dès que le sujet commence à manger, c'est-à-dire lorsque le lait n'est plus en assez grande quantité pour satisfaire son appétit, on lui donne un peu de son, du regain et un peu de betteraves.

LE SEVRAGE

Il est fait progressivement ; à l'âge de trois à cinq mois, le veau ne tette plus que deux fois par jours (matin et soir). Entre le cinquième et le septième mois, une fois seulement (matin). Au fur et à mesure que le lait maternel diminue, le jeune animal reçoit une ration plus forte, le sevrage se fait donc assez facilement. A cette époque, le métayer opère sa sélection chaque année. Il conserve, en général, les deux meilleurs veaux, pour faire des bœufs ou bouvillons, et une génisse pour remplacer la vache réformée. Ces trois animaux sont mis en pâture avec le reste du troupeau, et reçoivent en rentrant un supplément de ration (maïs-fourrage).

Les cinq autres jeunes veaux seront vendus à l'âge de huit à dix mois en général. Ils restent alors à l'étable et sont nourris avec du trèfle, du maïs-fourrage et du son. Les sujets ainsi conduits au marché sont achetés soit par des éleveurs, soit par des bouchers. Ces derniers les envoient aux marchés de Lyon et de Saint-Etienne. Ils rendent en viande de 60 à 70 % de leur poids vif.

2° Vache Normande. — Elle sert à la production du lait nécessaire au métayer et à sa famille. Saillie par un taureau Limousin, elle fournit des veaux blancs qui, à l'âge de deux mois et demi, à cause de leur excellente qualité, sont très recherchés par les bouchers.

La vente du veau est le seul bénéfice qu'en retire le propriétaire, le lait étant entièrement laissé au colon.

c) **Réforme des vaches**

Jadis, les vaches étaient conservées à la ferme jusqu'à l'âge de quinze ans, et souvent davantage ; mais le cultivateur ayant reconnu son tort, a vu l'intérêt qu'il pouvait avoir à posséder des animaux plus jeunes. De nos jours, dès qu'une vache a atteint dix ans, elle est réformée. La vente se fait de trois façons :

1° Pour la boucherie ;

2° Comme « vache suitée » ;

3° Comme vache pleine.

1° Boucherie. — Les vaches livrées à la boucherie sont engraissées en hiver de la même façon que les bœufs ; on leur donne la ration suivante :

Foin	5 kgs
Topinambours	18 kgs
Raves	7 kgs
Tourteau de colza.......	0 kgs 500

Les vaches ainsi engraissées sont celles qui ne peuvent pas se remplir, ou qui présentent quelque défaut. Elles sont vendues en fin d'engraissement, soit à des bouchers de Limoges ou de la région, soit à des commissionnaires qui les envoient à la Villette.

2° Vaches suitées. — La vache destinée à la vente est maintenue en bon état par une ration abondante. Environ un mois après la mise-bas, elle est menée sur le marché avec son veau. Le tout est vendu ensemble soit à des agriculteurs de la région, soit à des marchands qui les conduisent pour les revendre en Dordogne ou en Charente.

3° Vaches pleines. — Lorsque la vache est à son septième ou huitième mois de gestation, c'est-à-dire à l'époque où on peut parfaitement, par des signes extérieurs, reconnaître si elle est pleine, on conduit l'animal sur le marché. Le sujet, en général en bon état, est vendu à un prix souvent plus rémunérateur que celui fourni par l'engraissement. Ces animaux sont achetés par des cultivateurs de la région ou de la Charente. Souvent, dans l'achat des animaux, on est victime de tromperies graves :

vaches ayant des difficultés pour le vêlage et mauvaises laitières.

Dans ce cas, on demande au vendeur de laisser une « garantie », c'est-à-dire une partie du prix de l'animal, jusqu'à la mise-bas. A cette époque, si tout est normal, l'acheteur devra terminer le paiement à son vendeur. On laisse, en général, à l'acheteur, 200 à 300 francs de garantie par vache, ce qui équivaut à la valeur du veau à sa naissance.

Hygiène de la vacherie. — Chaque matin, les animaux sont nettoyés et brossés ; le fumier est enlevé plusieurs fois par jour et la litière est toujours mise en abondance. De cette façon, les animaux sont toujours très propres. Ils montrent bien les soins que le métayer prodigue à son bétail.

Les accidents sont peu nombreux et celui qui frappe le plus souvent nos bovins c'est la météorisation, que l'on traite uniquement par le trocart.

Les maladies sont assez rares. Il y a quatre ans, la vacherie fut prise d'une épidémie de fièvre aphteuse. Le traitement consista à employer du crésyl pour désinfecter les pieds des animaux et à leur badigeonner la gorge avec un mélange spécial composé de sel, poivre, vinaigre, etc...

La tuberculose est rare dans la région et, en général, les métayers, pour ne pas contaminer leurs étables, examinent avec grand soin les animaux qu'ils ont achetés dans les foires.

II. — **OVINS**

NOMBRE

La bergerie du colon Léonard est composée de :

25 brebis meres,
1 bélier,
5 agnelles de 1 an,
21 agneaux (mâles et femelles).
—
52 au total.

RACE

Les animaux sont issus d'un croisement effectué entre des brebis Limousines et des béliers Berrichons.

Jadis, la race Limousine était une race peu précoce fournissant des animaux de petite taille. On était obligé de conserver les agneaux jusqu'à l'âge de deux ans pour qu'ils arrivent à peser de 30 à 45 kgs (après engraissement).

L'introduction de béliers Berrichons dans les troupeaux a développé la précocité chez les agneaux que l'on vend maintenant soit comme agneaux blancs à cinq ou six mois, soit comme antenais à un an.

SPÉCULATION

La spéculation entreprise à la ferme comprend les opérations suivantes :

1° Vente des brebis mères réformées ;
2° Vente des agneaux mâles comme antenais ;
3° Vente de la laine.

Cette spéculation est importante pour une ferme exploitée par métayage, car elle fournit des produits avantageux et nécessite relativement peu de frais. En général, c'est un enfant qui mène paître le troupeau ; les cultures nécessaires pour ces animaux sont peu nombreuses. Les ovins utilisent pour leur nourriture la végétation des landes, des « clos », les chaumes, les regains des prairies naturelles, les fanes de betteraves.

L'engraissement des agneaux est facile, grâce aux topinambours. Les sujets obtenus ainsi sont toujours appréciés, s'ils sont bien en viande.

CONDUITE DU TROUPEAU

Dans la conduite d'un troupe d'ovins, la production des jeunes occupe une grande place ; l'agriculteur doit donc porter beaucoup d'attention dans le choix des reproducteurs (béliers et agnelles).

REPRODUCTEURS

a) *Bélier.* — Le troupeau possède un seul bélier. Il est acheté vers l'âge de six mois. Il effectue deux montes seulement, afin d'éviter la consanguinité. Il est vendu à la boucherie, après engraissement.

b) *Les mères.* — Les brebis mères, au nombre de vingt-cinq, sont remplacées par cinquième ; c'est-à-dire que tous les ans on vend cinq brebis réformées et on conserve les cinq meilleures agnelles.

La Lutte. — Elle a lieu en liberté, en août-septembre. Le bélier est lâché avec les brebis pendant toute cette période. Les non-fécondations sont rares, puisque les chaleurs reparaissent chez la femelles tous les vingt jours.

Alors que dans certaines régions les béliers reçoivent de l'avoine ou des aliments concentrés pendant l'époque de la monte, à la ferme, étant donnée la faible quantité de saillies à effectuer, le bélier est soumis au même régime que le reste du troupeau.

Chaque année, les brebis ne fournissent qu'un seul agneau. Il est rare qu'il y ait parturition gémellaire; dans ce cas, l'agneau le plus robuste est seul élevé par la mère; l'autre est confié à une brebis sans agneau ou allaité artificiellement.

L'agnelage a lieu en janvier-février. Cette époque est très favorable pour la région :

1° Les brebis sans agneau peuvent profiter des derniers regains de prairies naturelles ;

2° La mise-bas se fait à une époque où la nourriture manque au dehors et durant laquelle l'alimentation à l'étable serait tout de même nécessaire ;

3° En mars-avril, époque où les brebis doivent fournir le plus de lait à leur agneau, elles peuvent commencer à trouver dans les champs une nourriture, qui favorisera la sécrétion lactée, plus que le régime au fourrage sec.

L'agnelage a donc toujours lieu à l'étable. Il s'effectue normalement et le métayer n'intervient que pour couper et lier le cordon ombilical,

La mère nettoie elle-même son agneau, que l'on saupoudre d'un peu de sel.

Il faut ensuite veiller à l'expulsion du délivre, qui doit se faire dans les vingt-quatre heures qui suivent la mise-bas.

Le jeune animal est alimenté au lait maternel durant quatre ou cinq mois. Le sevrage se fait naturellement, sans que l'on intervienne.

Un mois environ après la naissance, on procède à l'amputation de la queue. La castration chez les mâles est faite en mai-juin, par le moyen dit « bistournage ».

LA TONTE

Cette opération est faite par le métayer, d'ordinaire entre le 15 mai et le 15 juin. La quantité de laine fournie est la suivante :

Bélier	2 kgs
Brebis	1 kg. 500

Le produit de la tonte est partagé entre propriétaire et métayer.

Alimentation du troupeau

Eté. — A partir du 15 avril, le troupeau ne reçoit plus aucune nourriture à l'étable. Il pâture successivement les vesces, les landes, les clos, les chaumes, les regains de prairies naturelles, les fanes de betteraves.

Hiver. — Au mois de novembre, le matin, avant la mise en pâture, les animaux reçoivent une demi-ration de foin. Durant la journée, les animaux sont mis dans les regains des prairies naturelles et, le soir, au retour à la bergerie, ils reçoivent une ration de paille.

En janvier-février, c'est-à-dire au moment de l'agnelage, le troupeau est mis en pâture, les beaux jours seulement. On donne la ration suivante durant cette période :

Foin de prairies.......... 2 kgs 500
Paille à discrétion.

Si le fourrage manque, on donne des feuillards, constitués en général par des feuilles d'arbres (chêne, aulne, etc.), que l'on a récoltées durant l'été. Ce fourrage est presque aussi riche en matières nutritives que le foin ordinaire. La ration donnée à l'étable diminue au fur et à mesure que les animaux recommencent à trouver une nourriture suffisante dans les champs.

ALIMENTATION DU BÉLIER

Il est soumis au même régime que les brebis durant la monte. Le reste de l'année, il reste à l'étable, où il reçoit :

L'été :

Trèfle incarnat, regain de trèfle, etc...

L'hiver :

Foin .... 3 kgs 500
Paille à discrétion.

ALIMENTATION DES AGNEAUX

Les agneaux sont nourris uniquement par le lait maternel pendant un mois et demi. Dès qu'ils commencent à manger, certaines fermes, spécialisées dans la production des agneaux blancs à cinq ou six mois, donnent à ceux-ci une ration plus abondante, qui augmente de jour en jour pour atteindre, à la fin de l'engraissement, les quantités suivantes :

Par agneau et par jour :

Betteraves	1 kg. 500
Regain de légumineuses...	0 kg. 500
Son	0 kg. 200

Cette ration amène un engraissement rapide, réclamé pour la vente de ces animaux. Mais, au domaine du colon Léonard, on n'agit pas ainsi ; se livrant à la vente des moutons antenais à un an, on n'a pas intérêt à obtenir de l'animal un engraissement rapide ; la ration est donc la suivante :

Lait maternel : pendant 4 mois.
Regain de prairies naturelles.. 1 kg. 500
Paille à discrétion.

Au printemps, dès que l'herbe a poussé, les beaux jours venus, on met les agneaux dans une prairie naturelle qui ne sera pas fauchée. La ration de regain donnée à l'étable est distribuée jusqu'en mai, époque à laquelle le sevrage étant généralement terminé, les agneaux suivent le reste du troupeau.

PRÉPARATION ET VENTE DE CERTAINS SUJETS

1° *Brebis réformées.* — On réforme chaque année cinq brebis mères parmi les plus âgées. Ces brebis sont séparées du troupeau en juillet, après qu'elles ont élevé leurs agneaux. Elles sont mises dans un pré où le regain abonde. Elles sont ainsi vite remises des fatigues de l'allaitement et vendues fin août-début de septembre, soit pour la reproduction, soit pour finir l'engraissement, soit enfin pour la boucherie.

2° *Agneaux.* — Le nombre des agneaux élevés cette année dans notre bergerie est de 21 bêtes (mâles et femelles). Comptons environ 11 mâles et 10 femelles ; nous allons voir comment on va procéder à la vente de ces animaux.

2° *Femelles.* — Les cinq plus belles agnelles sont conservées pour remplacer les brebis mères réformées. Elles seront mises au bélier à dix-huit mois. Les cinq autres sont vendues en août pour servir aussi à la reproduction. Elles sont préparées de la même façon que les brebis mères réformées.

2° *Les mâles.* — Ceux-ci, au nombre de onze, restent avec la totalité du troupeau jusqu'au début de décembre ; à cette époque commence l'engraissement, qui dure en général deux mois. On leur donne la ration suivante :

Par animal et par jour :

Topinambours et son..........	4 kgs
Foin de prairies...............	1 kg.

La vente a lieu fin janvier, début février.

MALADIES

Le *piétin* est l'inflammation ulcéreuse de la partie inférieure interne de l'onglon. Cette maladie très contagieuse demande de grands soins. A la ferme, on traite les sujets atteints en appliquant sur les ulcérations une solution de sulfate de cuivre.

La *cachexie aqueuse* fait des ravages, surtout les années humides.

La *météorisation* est traitée comme pour les bovins, par le trocart.

III. — **PORCS**

Dans plusieurs fermes limousines, la spéculation sur les porcs est très réduite ; certains cultivateurs prétendent, en effet, qu'il est plus avantageux de vendre les pommes de terre en nature ; ils engraissent alors dans leurs fermes deux ou trois porcs seulement, afin de faire consommer les pommes de terre invendables. Cette spéculation est certainement très avantageuse ; mais elle ne peut pas être pratiquée dans toutes les fermes, attendu que, pour la vente des tubercules, on est obligé de trouver des débouchés.

Certains agriculteurs, qui avaient abandonné la production du porc, pour la vente des pommes de terre, ont dû revenir vers cette spéculation première le jour où, par suite de l'existence du doryphora, on a interdit la sortie des tubercules.

En Haute-Vienne, la région qui pratique le plus la vente des tubercules en nature est comprise de chaque côté de la vallée de la Vienne. Les principaux centres sont alors, au nord de la rivière, les cantons de Saint-Junien et Limoges ; au sud, Saint-Laurent-sur-Gorre, Aixe, Sereilhac.

Il n'en est pas de même pour le reste du département, où l'élevage de l'espèce porcine domine encore. La récolte de pommes de terre est entièrement consommée à la ferme, la vente de ces tubercules y étant difficile, par suite du manque de débouchés. Le canton d'Oradour-sur-Vayres est renommé, dans la région, pour la production des porcelets.

NOMBRE

La porcherie du colon Léonard comprend :

3 truies mères,
1 jeune truie,
6 porcs à l'engrais.

RACE

Alors que le Yorkshire est élevé dans les arrondissements de Bellac et de Limoges, le porc Limousin n'est guère élevé que dans l'arrondissement de Saint-Yrieix. Rochechouart préfère le Craonnais. Pourquoi ?

1° *Le porc Limousin* n'y est pas apprécié parce qu'il ne convient pas aux spéculations :

a) Vente des porcelets. Les acheteurs charentais ne le recherchent pas. Il est d'un poids trop faible et trop lent à venir.

b) Le colon tue chaque année un porc pour sa nourriture et celle de sa famille. Le porc Limousin donne trop de gras par rapport à la quantité de viande fournie.

2° *Le porc Yorkshire,* malgré ses qualités merveilleuses pour l'engraissement, n'est pas élevé pour les raisons suivantes :

a) Les truies sont moins prolifiques que celles de race Craonnaise. La vente des porcelets étant une grosse spéculation, les truies Yorkshire donneraient donc moins de bénéfices.

b) Les acheteurs charentais ne veulent pas de cochons à oreilles dressées ; ils préfèrent le porc Craonnais, à oreilles tombantes ; ils prétendent que ce sont de meilleurs cochons ; c'est un préjugé régional, nous dira-t-on, mais il est bon de le connaître pour satisfaire le goût de sa clientèle.

Nous pouvons donc conclure que la race Craonnaise est celle qui convient le mieux à la spéculation entreprise dans le domaine.

LA SPÉCULATION

Cette spéculation comprend :

1° La production des porcelets et la vente des jeunes sujets ;

2° L'engraissement de quelques porcs ;

3° Réforme des truies.

Production des porcelets

Les truies donnent en général deux portées par an. Le nombre des porcelets fournis par chaque portée est assez variable ; mais, en moyenne, on peut toujours en compter huit ou neuf, ce qui fait seize porcs par truie et par an, soit, en tout, quarante-huit porcelets. Les truies sont saillies par un verrat Craonnais, entretenu dans une ferme voisine. Le prix de chaque saillie est de 5 francs.

Les jeunes truies ne sont pas saillies dès les premières chaleurs. Cette opération n'a lieu à la ferme que vers l'âge de neuf à dix mois. Saillies à cet âge, les jeunes bêtes ont le temps de mieux se développer et de donner des porcelets en plus grand nombre et mieux conformés.

ÉPOQUE DE LA SAILLIE

La saillie des truies est effectuée à une époque tout à fait favorable, que le colon détermine :

a) D'après la nourriture dont il disposera pour l'alimentation des porcelets ;

b) Sur l'époque la plus favorable, c'est-à-dire sur le moment où les engraisseurs charentais viendront les acheter.

On opère ainsi :

Les truies sont saillies dans la deuxième quinzaine de décembre ; la mise-bas a lieu vers le 10 ou le 15 avril. Les porcelets sont élevés jusqu'à deux mois et demi ou trois mois ; leur vente a donc lieu vers la fin de juin ou le début de juillet. Les truies sont saillies à nouveau au 15 juin ; la deuxième mise-bas a lieu vers le 8 ou le 10 octobre, et les porcelets peuvent être vendus fin décembre.

Ces époques correspondent-elles de façon à satisfaire aux données fournies plus haut ?

A ces deux périodes de l'année, la nourriture est abondante à la ferme : on peut alimenter copieusement aussi bien les mères en lactation que les jeunes porcelets.

En avril, les pommes de terre de la récolte précédente et les rutabagas que l'on a conservés en silos ne sont pas encore totalement consommés. De plus, le semis des pommes de terre étant terminé, le cultivateur voit la quantité d'aliments dont il peut disposer. De celle-ci dépendra la durée de l'élevage des porcelets. Au mois d'octobre, les pommes de terre peuvent être récoltées avantageusement et servir à l'alimentation des porcelets. Donc les deux époques de mise-bas sont tout à fait favorables au point de vue de la nourriture. Il en est de même pour la vente des porcelets. Les foires de Vayres et Oradour-sur-Vayres sont renommées pour la vente des porcelets et surtout aux deux époques juin-juillet et décembre-janvier.

CONDUITE DE LA PORCHERIE POUR LA PRODUCTION DES JEUNES

C'est en général la femme du métayer qui s'occupe de la porcherie. Les points principaux qui attirent le plus sont attention sont :

1° D'abord veiller à ce que la parturition se fasse dans les conditions normales ;

2° Distribuer une nourriture et une litière abondantes.

Ces soins à donner à la porcherie peuvent être groupés en deux catégories :

a) Soins aux truies ;

b) Soins aux porcelets.

a) *Soins à donner aux truies*

La mise-bas se fait toujours normalement ; mais par mesure de précaution, la fermière assiste toujours à cette opération de première importance. Après la mise-bas, la nourriture des truies est plus abondante, et surtout plus nutritive. Les quatre ou cinq jours qui suivent la parturition, on donne des buvées (eau chaude, son, farine de seigle) pour remettre la mère en état.

La ration donnée pendant la lactation est composée **ainsi :**

Pommes de terre cuites....	6 kgs
Son	0 kg. 500
Rutabagas	5 kgs

b) *Soins à donner aux porcelets*

Durant le premier mois, ils sont peu nombreux en général, si le lait maternel est assez abondant pour les nourrir. Les tétées ne sont pas réglées. La mère fait téter ses porcelets en moyenne toutes les trois heures. Si une truie donne plus de dix porcelets, ceux en plus sont enlevés et nourris artificiellement avec du lait de vache.

A l'âge d'un mois, les mâles et les femelles que l'on désire ne pas livrer à la reproduction sont castrés.

Quelques jours après la castration, l'appétit des porcelets augmente et le lait maternel n'est plus suffisant pour leur alimentation. On donne alors une ration que l'on augmente au fur et à mesure. Elle est composée de pommes de terre bien cuites et de farine de seigle. Si on peut se procurer un peu de lait à la vacherie, on l'ajoute à ces aliments.

ALIMENTATION DES TRUIES EN GESTATION

La nourriture ne doit pas être trop abondante, car elle pourrait amener des avortements ou des mises-bas difficiles.

L'hiver, la ration est la suivante :

Par animal et par jour :

Pommes de terre cuites...	4 kgs
Son	0 kg. 500
Rutabagas ou raves cuites.	4 kgs

L'été, on donne à ces animaux des regains de trèfle violet, feuilles de betteraves, feuilles de choux et résidus du jardin potager.

UTILISATION DES PORCELETS

En général, la vente des porcelets se fait à deux mois et demi ou trois mois, selon la nourriture dont on dispose. A la ferme, on compte en général, chaque année, de quarante-huit à cinquante porcelets. Ceux-ci ne sont pas tous livrés à la vente. On en garde toujours un nombre variant entre six et huit. Ils sont destinés, soit à la reproduction, soit à l'engraissement.

RÉFORME

Chaque année, une truie mère est réformée, engraissée et vendue. Pour la remplacer, on conserve parmi les porcelets une des plus belles femelles que l'on ne castre pas.

ENGRAISSEMENT

Pour l'engraissement, on élève presque toujours des porcelets mâles castrés. On préfère ceux-ci à des femelles, parce qu'ils s'engraissent plus vite et donnent une plus forte quantité de viande. Ces animaux sont toujours pris dans les porcelets de la première portée de l'année et leur engraissement est fait l'hiver suivant.

En ce moment, à la ferme, il y a six porcs destinés à l'engraissement ; leur ration est la suivante :

Pommes de terre cuites........	8 kgs
Farine de seigle et son.......	1 kg.

Ces animaux sont conduits jusqu'à 100 kgs en général et livrés à la vente sur les marchés d'Oradour-sur-Vayres. Cependant le colon en conserve un qu'il engraisse jusqu'à 150 kgs. Cet animal est tué à la ferme et sert à la nourriture du personnel.

Ce porc est livré au métayer à des conditions exceptionnelles, c'est-à-dire au-dessous du cours normal.

Hygiène. — Les porcheries sont toujours tenues très propres. Le fumier est enlevé tous les jours, une litière abondante est fournie aux animaux. Les maladies sont rares.

IV. — **BASSE-COUR**

La basse-cour est très bien peuplée. Elle comprend des poules, oies, canards, lapins.

Le métayer peut avoir la volaille qu'il veut ; mais, d'après les conditions de la baillette, il doit donner, chaque année, 100 œufs de poule et 10 poulets. Le propriétaire doit, en plus, recevoir la moitié des canards et oies élevés à la ferme pendant l'année.

CHAPITRE VII

APPRÉCIATION SUR LE MÉTAYAGE

Le métayage, tel qu'il est pratiqué de nos jours en Haute-Vienne, est certainement un excellent mode d'exploitation. Après l'étude du domaine de l'Ecubillon, nous allons tirer quelques conclusions sur ce genre de faire-valoir de la propriété limousine. Pour ce faire, nous étudierons les avantages et inconvénients du métayage.

1° Avantages

Le métayage est certainement le meilleur mode d'exploitation pour les petites et moyennes fermes de la région.

Si, de nos jours, il n'est pas aussi perfectionné que le faire-valoir direct, il est bon de noter cependant qu'il n'a pas été jusqu'alors nuisible au développement de la culture. La comparaison que l'on peut faire entre le Limousin de 1880 et celui de nos jours montre assez de changements dans la production du sol pour éloigner pareille critique.

Les métayers sont de précieux auxiliaires pour le propriétaire, en ce qui concerne l'élevage. En effet, la vente des animaux produisant des bénéfices communs force le métayer à bien soigner son bétail et à ne pas le maltraiter.

De cette façon, donc, le métayage serait un mode d'exploitation idéal pour les fermes limousines. Cependant, après avoir cité les avantages du métayage, nous allons en étudier les inconvénients.

2° Inconvénients

Si le métayage, après un long règne, a assisté et aidé à la transformation des cultures du Limousin, il ne faut pas en conclure pour cela que les procédés culturaux sont parfaits :

a) *Au point de vue des cultures*

Il rappelle parfois la parole de Turgot : « Le métayer cultive mal, il néglige d'employer les terres à des productions commerciales d'une grande valeur. »

Ce mot ne manque pas de vérité encore de nos jours : le métayer cherche trop souvent à produire ce dont il aura besoin. Il pourrait négliger, nous semble-t-il, des cultures qui lui fournissent des rendements trop faibles, et réserver ses terres aux récoltes qui porteraient des produits plus abondants.

Toutefois, si la denrée négligée par la culture lui était nécessaire, il pourrait la trouver sur le marché, à meilleur prix, parce qu'elle a fourni de plus forts rendements dans des pays où elle croît plus facilement.

Ceci est difficile à faire entendre aux colons, qui vivent avec leurs routines. Et il sera impossible aux propriétaires limousins de généraliser certaines cultures avantageuses tant que leurs fermes seront exploitées par le métayage.

b) *Au point de vue des engrais chimiques*

L'emploi des engrais est trop connu et nous a donné assez de résultats probants pour que nous nous permettions d'y insister ici.

Les métayers cependant hésitent encore à les employer, à cause de leurs baux à tacite reconduction. Certains propriétaires, soucieux de la bonne marche de leurs domaines, font de grosses concessions à leurs exploitants. Ils vont jusqu'à payer cinq sacs d'engrais pendant que le colon n'en paye qu'un seul. Le compte suivant va nous montrer encore l'avantage qu'on peut en retirer (ce compte a été fait en novembre 1925 avec les cours pratiqués alors pour les blés et engrais divers) :

Exemple. — Soit 1 hectare de blé donnant, avec la fumure normale :

16 hl. de blé × 80 kgs = 1.280 kgs de grain

En mettant 150 kgs de nitrate et 300 kgs de scories en plus, on a obtenu :

26 hl. × 80 = 2.080 kgs

On a eu :

2.080 — 1.280 kgs = 800 kgs en plus,

ceci sans compter la paille.

Le blé valant au moins 125 francs les 100 kgs, ce qui fait :

$$\frac{800 \times 125 \text{ fr.}}{100} = 1.000 \text{ de plus.}$$

Pour une dépense de :

Scories : 300 kgs à 20 % à 0,95 l'unité, plus le transport	70 fr.
Nitrate $\frac{120 \text{ fr.} \times 150}{100} = 180$ fr..................	180 fr.
Dépense totale..................	250 fr.

Ce qui fait : 200 francs pour le propriétaire et 50 francs pour le colon. Mais le propriétaire, d'autre part, reçoit la moitié du prix du grain, ce qui fait :

500 — 200 = 300 fr. de bénéfice net.

Cet exemple typique permet de se rendre compte que le propriétaire, même en payant les engrais à lui seul, aurait encore avantage à les employer plutôt que de laisser le sol s'épuiser et porter des culture médiocres.

Si, au contraire, comme dans les cas précédents, le propriétaire ne consent pas à payer la majeure partie des engrais, les colons n'en mettent presque pas. L'exemple de la ferme A, dont nous avons étudié le système de cultures, nous en a fourni des preuves. Bien qu'en Limousin la culture ait fait des progrès marquants depuis quelques années, elle n'a pas encore atteint le niveau où on désirerait la voir.

Au point de vue des instruments employés

Nous avons vu précédemment que l'utilisation peu abondante des engrais chimiques par les métayers nuisait au développement actuel de la culture. Nous devons ajouter un point aussi capital : c'est celui des instruments employés. Ceux-ci sont primitifs et fournissent un travail imparfait ; c'est ainsi que nous voyons encore de nos jours travailler la charrue Dombasle dans nos régions ; les brabants y sont rares. Dans une ferme ayant 15 hectares de cultures au maximum, on ne peut pas avoir un matériel aussi puissant et aussi complet que dans de grosses exploitations. A ceci, on nous objectera la formation de syndicats. Ceci est parfait en théorie, mais la mise en pratique est plus difficile. Le jour où il fait bon pour exécuter telle ou telle façon culturale, tous les agriculteurs syndiqués voudraient le même instrument pour effectuer leur travail. Il faudrait donc presque autant de machines qu'il y aurait d'adhérents. C'est donc impossible ou du moins peu possible. La formation d'entreprises pour effectuer ces travaux serait vouée à des échecs, car les métayers préfèrent économiser la somme qu'ils dépenseraient ainsi et faire péniblement leur travail. Ces machines auraient suffi pour les fermes exploitées par métayage à l'époque où le personnel était abondant et les familles de colons nombreuses ; on pouvait alors compléter le travail insuffisant des machines par de bonnes façons à la main. Mais de nos jours, avec la crise qui existe, on ne peut plus le faire. Le grand reproche, que l'on peut adresser aux instruments de culture employés en Limousin est le suivant : ils ne travaillent le sol que superficiellement, alors que notre terre a besoins de façons assez profondes pour augmenter la couche arable et de gros labours pour améliorer la terre en éléments fertilisants.

Conclusion

Nous voyons que le métayage, même après avoir corrigé de gros et anciens vices, n'est pas encore arrivé à la perfection. Toutefois, disons que ce mode tout à fait en honneur dans nos contrées, aurait assuré encore pendant de nombreuses années l'exploitation de notre sol, si la question de la main-d'œuvre n'était pas intervenue. A chaque instant, nous voyons partir nos métayers, et il devient de plus en plus difficile de les remplacer.

Dans un pays où la propriété est si morcelée et où les fermes du même propriétaire sont éloignées les unes des autres, il est temps de s'occuper du remembrement de la propriété, si on ne veut pas voir nos charmantes collines limousines revenir à l'état inculte où Turgot les avait jadis trouvées.

Troisième Partie

SI J'ÉTAIS AGRICULTEUR au DOMAINE DE L'ÉCUBILLON

CHAPITRE PREMIER

Changement du Mode d'Exploitation

A l'époque où, dans certaines parties du département, la crise de la main-d'œuvre agricole a porté un coup si terrible au métayage, qu'on ne sait s'il pourra s'en relever, le propriétaire limousin doit chercher à assurer l'exploitation de ses fermes.

Le faire-valoir direct semble être le mode qui pourra lui donner le plus de satisfaction. L'exploitant pourra, dans ce cas, remplacer le manque de main-d'œuvre indigène par un personnel étranger.

Ce système sera difficilement généralisé, par suite du peu d'étendue et du morcellement de la propriété en Limousin. Il pourra être très favorable cependant à certains domaines plus étendus.

Nous allons étudier comment ce mode de faire-valoir pourra, par exemple, assurer aux domaines de l'Ecubillon et de la Tamanie, une exploitation convenable, si les métayers viennent à faire défaut dans ces fermes.

Pour vérifier si l'application du faire-valoir direct est possible, nous allons étudier les divers points suivants :

1° Peut-on changer le mode d'exploitation ?

2° Est-il avantageux de le faire ?

3° Ce changement est nécessaire.

I. — **Peut-on changer ce mode d'exploitation ?**

Il semblerait peut-être étrange à certains de voir introduire le faire-valoir direct dans un pays où le métayage est en honneur. Si le colonage existe encore et même est le principal mode d'exploitation en Limousin, on trouve cependant des fermes exploitées en faire-valoir direct et, fait assez concluant pour nous, en général, ce sont les mieux cultivées, celles où l'on obtient les meilleurs rendements et où l'on entretient le plus beau bétail.

En effet, le propriétaire expérimenté en matière agricole, dirige seul son exploitation ; il n'est pas obligé de partager l'avis de ses ouvriers, sur telle ou telle spéculation, camme il est contraint de le faire dans le métayage.

Ce premier fait semble donc conclure à l'avantage du faire-valoir direct.

LA SITUATION DE LA FERME EST-ELLE CONVENABLE ? LE PROPRIÉTAIRE POURRA-T-IL EXERCER SA SURVEILLANCE CONVENABLEMENT ?

La maison d'habitation du propriétaire, quoique située un peu à l'écart du groupement principal des bâtiments de la ferme, permet au propriétaire de pouvoir suffisamment exercer sa fonction maîtresse.

Les bâtiments des deux fermes sont assez groupés pour permettre le changement du mode d'exploitation. Ils sont tous situés autour de la cour de la ferme, excepté les bergeries et une maison d'ouvrier, qui en sont éloignées de 100 mètres environ.

II. — **Est-il avantageux de changer le mode d'exploitation ?**

Après avoir étudié les avantages et inconvénients du métayage, nous voyons que la culture limousine peut encore être l'objet d'améliorations importantes, bien souvent rendues impossibles, par suite du morcellement de la propriété.

Mais pour comprendre l'avantage du changement d'exploitation, nous nous baserons sur une question souvent examinée par le propriétaire :

« D'après les conditions de la baillette, le propriétaire touche-t-il réellement la moitié des revenus de son exploitation ? »

En effet, par la baillette, le métayer s'est engagé à fournir la main-d'œuvre utile à l'exploitation ; le propriétaire, l'héritage rural. Ceux-ci doivent partager à moitié le prix de vente des denrées de l'exploitation et, par le fait même, supporter à parts égales les achats nécessaires. Les exigences actuelles des colons mettant toujours en avant la question du départ, ne permettent pas que les choses se passent comme elles avaient été établies.

Nous avons cité l'exemple du propriétaire, qui fournit les quatre cinquièmes des engrais utiles à l'exploitation, alors que le colon n'en paye qu'un cinquième. Nous voyons donc que la différence dans la participation de chacun aux achats, bien établie en théorie, n'est pas toujours mise en pratique.

Certains colons, ayant une famille peu nombreuse et une grande exploitation à cultiver, exigent de leurs propriétaires le paiement d'une main-d'œuvre supplémentaire, lorsque d'après les conditions du bail, ils se sont engagés à fournir les ouvriers nécessaires pour effectuer le travail du domaine.

Ces deux exemples montrent jusqu'à quel point les propriétaires poussent les sacrifices pour arriver à conserver dans des domaines éloignés d'eux, les métayers capables d'exploiter convenablement.

D'après les considérations faites plus haut sur la façon dont les métayers exploitent, il nous semble plus avantageux de livrer les terres au faire-valoir direct, puisque, souvent, par le métayage, le propriétaire est obligé de payer la plus grosse part des dépenses en engrais, en machines agricoles, et qu'en retour il ne reçoit pas toujours la moitié des fruits obtenus.

III. — **Le changement de mode d'exploitation est nécessaire**

Dans un pays où les méthodes culturales surannées sont encore parfois rencontrées, il est bon que certaines exploitations soient bien cultivées. On a vu pour le métayage quels bons résultats avait fourni l'existence d'une petite ferme, où le propriétaire, par faire-valoir direct, se livrait à des essais de culture, à des expériences sur la sélection des semences, sur l'emploi des engrais les plus favorables, sur le choix de telle ou telle variété réussissant bien dans le sol et sous le climat du pays.

Il est donc utile pour le développement de la culture en Limousin, qu'il y ait des fermes bien cultivées ; le métayer ne fera dans son exploitation que les cultures qu'il a vu réussir dans les fermes voisines et il cherchera à obtenir les mêmes résultats, si possible. Donc, cette cause encore tout à fait avérée nous fait conclure à l'adoption du faire-valoir direct au lieu du métayage.

LA MAIN-D'ŒUVRE

La crise de la main-d'œuvre que subit le métayage nous forcera, dans un temps plus ou moins éloigné, à avoir recours au faire-valoir direct. Le départ des jeunes agriculteurs vers les villes et les centres industriels met les parents dans l'impossibilité de prendre des métayages ou de les exploiter convenablement. L'ouvrier étranger à celle-ci ne peut fournir la même somme de travail, se contenter de la même nourriture que les colons. En effet, il n'est pas intéressé aux bénéfices de l'exploitation, ni aux recettes faites par le métayer, il touche seulement son salaire fixé à l'avance.

Donc, par ce seul fait, le métayage tend de plus en plus à devenir impossible.

De plus, les colons sortants touchent de gros bénéfices de cheptel, après quoi ils ne consentent plus à prendre des métayages ; leurs enfants sont partis, ils restent seuls à la campagne. Pour occuper leurs loisirs, ils cultivent un petit domaine qu'ils ont acheté ou loué. Ces diverses raisons font que le recrutement des colons devient très difficile.

Concluons donc simplement qu'il est temps d'organiser le remembrement de la propriété en Limousin, pour les fermes auquel il pourra être utile. Et ceux qui peuvent dès maintenant établir avantageusement le faire-valoir direct, comme c'est le cas pour le domaine de l'Ecubillon, ne devront pas hésiter à faire cette transformation.

Il est certain que les premières années qui suivront un pareil changement demanderont de grosses avances de capitaux ; mais aussi, par la suite, les bénéfices plus élevés fourniront à ces capitaux un taux de placement avantageux.

CHAPITRE II

PÉRIODE DE TRANSFORMATIONS

Le passage du métayage au faire-valoir direct

Cette opération est, nous ne l'ignorons pas, des plus délicates. En l'entreprenant, il ne faudrait pas avoir l'intention de tout transformer à la fois. On devra donc agir progressivement et avec méthode.

Le départ des colons sera la première difficulté à résoudre, puis viendront à tour de rôle les questions du personnel de ferme, des engrais, des outils, des améliorations foncières.

Les capitaux que le propriétaire pourra consacrer à son domaine seront d'abord concentrés sur les meilleures terres. La durée de l'assolement, actuellement biennal, sera allongée par l'introduction de plantes fourragères, qui permettront d'entretenir un bétail plus nombreux et d'augmenter ainsi la quantité de fumier.

Chaque année, on profitera des époques favorables pour exécuter, à tour de rôle, ces améliorations. De cette façon, peu à peu, nous espérons passer d'une culture plutôt extensive à une culture plus intensive.

SORTIE DES COLONS

La première question que l'on soulèvera pour passer du métayage au faire-valoir direct, sera le départ des colons. Que le congé soit donné par le colon ou par le propriétaire, il faudra, dans un cas comme dans l'autre, arriver à l'estimation des cheptels mort et vif et verser au colon sortant, son bénéfice de cheptel. Celui-ci sera déterminé, comme de nos jours, c'est-à-dire « aux dires d'experts ».

PERSONNEL DE FERME

Il faudra louer des ouvriers qui, dès la sortie du colon, seront chargés d'assurer les soins du bétail et d'effectuer les travaux de culture alors nécessaires. Pour ce début, nous préférerons les ouvriers du pays, si on peut les trouver en nombre suffisant, ce que nous espérons, puisqu'il y a peu d'usines dans les environs de la ferme. Ces gens sont, en effet, habitués à la culture et à l'élevage de la région. S'ils coûtent plus cher, ils ont l'avantage de faciliter un peu la tâche du propriétaire. Toutefois, si nous ne trouvons pas dans la région la main-d'œuvre nécessaire, nous ferons alors appel aux étrangers, dont les propriétaires limousins sont fort satisfaits. En plus d'un travail énergique, ils fournissent à la culture une main-d'œuvre moins chère que les ouvriers français, avantage qui n'est pas à dédaigner.

ACHATS DE MACHINES

Ce point très important ne devra pas être négligé dès le début, car le propriétaire est obligé de fournir des outils aux ouvriers et aux attelages, afin que les façons culturales soient exécutées normalement, s'il veut obtenir des résultats convenables ; il ne pourra pas travailler le sol avec les instruments primitifs des fermes actuelles. Tout au début, cependant, on pourra utiliser le matériel existant et, chaque année, acheter progressivement quelques machines nouvelles.

QUELS INSTRUMENTS FAUDRA-T-IL ACHETER ?

Des outils neufs ou des instruments d'occasion ? Cette considération ne doit pas manquer d'être faite par le cultivateur.

Les instruments neufs coûtent cher et, dans une période de transformation comme celle-ci, les capitaux peuvent alors devenir rares. Pour parer à ceci, le propriétaire pourrait avoir l'idée d'acheter des instruments ayant déjà servi. Leur bas prix, à côté du coût élevé des machines neuves, pourrait solliciter ses préférences. Mais quand on achète des instruments, il ne faut pas trop hésiter sur le prix. Il est plus avantageux d'acheter des machines neuves que des appareils usagés, car ceux-ci ont pu être maltraités et nécessiter des changements d'organes parfois onéreux, etc. Si, dans le premier cas, le prix est plus élevé, la durée de l'instrument compense grandement les frais consentis. Nous avons l'exemple de certains agriculteurs qui, ayant acheté des machines usagées, les ont payées un bas prix, certes, mais qui ont dû les renouveler presque aussitôt ou y effectuer de grosses réparations. En définitive, ces machines ont coûté plus cher que ne l'auraient fait des appareils neufs.

ENGRAIS

La question des engrais est fort importante au moment de la reprise d'une ferme. Trop souvent, et c'est le cas pour l'exploitation qui nous occupe, les terres sont épuisées, l'agriculteur cherchera à obtenir la fertilité du sol par l'apport de doses relativement fortes d'engrais.

Plus tôt le cultivateur aura placé les terres exploitées dans des conditions convenables de fertilité, plus tôt il récoltera abondamment, donc avantageusement.

Un exemple nous permettra de confirmer notre opinion. Que fait le fermier à son entrée en jouissance dans une exploitation ? son premier travail est de fertiliser le sol. Il passe souvent les trois ou quatre premières années de son bail à améliorer la terre par l'emploi abondant des engrais et ce n'est guère avant la quatrième ou cinquième année d'un labeur acharné et de grosses dépenses qu'il arrive par d'avantageuses récoltes à toucher les intérêts du capital engagé. C'est donc une avance que le cultivateur doit faire régulièrement au sol, d'après les lois de la restitution, s'il veut tirer vraiment des bénéfices de la culture. De plus, étant propriétaire de la ferme à cultiver, nous pourrons faire encore plus que le fermier, au point de vue de l'apport des engrais ; nous n'aurons pas à craindre, en effet, de laisser trop d'engrais dans le sol à la fin de notre bail.

Améliorations foncières

I. — *Domaine de l'Ecubillon*

La première et la principale de toutes les améliorations est incontestablement la mise du sol en état de fertilité ; mais il faut ensuite remarquer que les terres du domaine sont capables de produire plus qu'elles ne le font, ainsi que le montre le tableau suivant :

	FERME A	FERME B
Bois	6 ha. 59 a. 35 c.	
Terres productives que l'on aura à traiter par les engrais et de bonnes façons culturales :		
Terres	13 ha.	13 ha.
Prairies naturelles	10 ha.	10 ha.
Terres improductives ou peu productives :		
Landes, châtaigneraies	3 ha.	2 ha.
Mauvaises pâtures ou clos	2 ha.	2 ha.

Nous avons donc, à la reprise de la ferme de l'Ecubillon :

Bois	6 ha. 59 a. 35 c.
Terres	26 ha.
Prés	20 ha.
	52 ha. 59 a. 35 c. de sol productif.

9 hectares seront l'objet de transformations spéciales et, dès maintenant, avant la détermination de notre système de cultures, nous devons les étudier à part, afin de tirer avantageusement parti de ces sols qui pourraient produire des récoltes avantageuses.

LANDES ET CHATAIGNERAIES (5 ha)

Landes (2 ha.)

La végétation de ces sols est composée uniquement de genêts, de bruyères et d'ajoncs. La terre y est assez fertile et serait capable, par des améliorations, de produire de bonnes cultures. La paille n'étant pas suffisante dans les fermes, ces champs sont abandonnés à la végétation spontanée, afin de produire un surplus de litière. Ces landes, qui sont situées à flanc de coteaux et non au sommet de montagnes, comme on en trouve en Limousin, sont donc d'amélioration relativement facile.

LEUR PRODUCTION ACTUELLE EST-ELLE AVANTAGEUSE ?

La réponse est négative ; car ces terres douées d'une aussi grande fertilité que les sols actuellement cultivés dans la région, peuvent permettre des cultures qui seront plus rémunératrices pour le propriétaire ; on aura donc certainement avantage à changer leur production.

COMMENT FAIRE ?

Au moment où la lande est en pleine végétation, en mai-juin, on défrichera le sol par un profond labour ; on enfouira ainsi toutes les plantes qui y poussent à l'état spontané. Celles-ci fourniront un engrais vert, donc de l'humus et de l'azote. Le sol pourra se reposer jusqu'au mois de septembre. A cette époque, un hersage énergique ameublira la couche superficielle. En octobre, on mettra 400 kgs de scories à l'hectare et une culture de seigle sera semée. Sur ce sol encore peu fertilisé, nous préférerons le seigle au blé, qui est plus exigeant. La paille ainsi obtenue remplacera avantageusement les autres plantes comme litière. Le grain servira pour l'engraissement des porcs. La deuxième année, après la récolte du seigle, on fera un bon labour en juillet-août ; on mettra ainsi à la surface du sol l'humus formé par la décomposition des plantes enfouies l'année précédente. En octobre, le sol sera ameubli par un ou deux hersages ; on pourra ajouter 400 kgs de scories à l'hectare et semer ensuite le blé. Cette fois, la terre est plus riche, par suite des engrais déjà fournis au sol, et de la décomposition plus complète des plantes enfouies. Le blé sera traité, comme on le verra plus loin, dans la culture. Après ces deux céréales, qui auront épuisé le sol, nous ferons une culture dérobée à enfouir, afin de restituer à la terre l'azote enlevé par les céréales.

Aux céréales succédera, l'année suivante, une plante sarclée et fumée : pommes de terre, par exemple. Par les binages et les nombreuses façons nécessitées par cette culture, nous pourrons libérer totalement le sol des plantes qui, comme les ajoncs, repoussent souvent, même après deux ou trois labours.

A partir de cette époque, le champ sera à peu près mis en état de produire de bonnes récoltes, si toutefois on fait chaque année une restitution convenable.

Châtaigneraies (3 ha.)

Comme nous l'avons dit plus haut, le châtaignier, jadis très prospère en Limousin, tend de plus en plus à diminuer sur notre sol par suite de la « maladie de l'encre », qui attaque ses racines. Chaque année, ces arbres achèvent de mourir, et il ne reste plus au propriétaire que la ressource de les exploiter le plus tôt possible. Ceux-ci sont débités en morceaux de « bois pelé » qui servent à la fabrication de matières tannantes et colorantes, dont une usine importante est établie à Saillat (Haute-Vienne).

QUE FAUT-IL FAIRE DES CHAMPS AINSI DÉNUDÉS ?

Faut-il les reboiser ou les livrer à la culture ? Cette question se pose seulement dans le cas de sols médiocres. Il est certain que ces 3 hectares de terrain ne sont pas de toute première qualité ; mais ils peuvent être utilisés d'une façon spéciale.

Nous avons un troupeau de moutons à la ferme, nous ne disposons guère de pâture pour ces animaux ; donc, nous allons voir quelle sera la façon la plus avantageuse de créer sur ces champs une prairie où nous pourrons les envoyer paître.

Le sol, débarrassé des bois, sera traité de la même façon que les landes pendant les trois première années et pour les mêmes raisons. Cependant, pour la culture des pommes de terre, à la dose d'engrais fournis habituellement, nous ajouterons un chaulage.

A la fin d'octobre, après l'arrachage des tubercules, le sol sera labouré et, sans y ajouter d'engrais, on fera un semis d'avoine d'hiver. Au printemps suivant, on effectuera un hersage pour ameublir la terre et on sèmera dans l'avoine du « lotier corniculé », plante excellente, convenant bien aux sols pauvres. Dans notre étude sur les principales spéculations végétales à la ferme, dans l'avenir, nous ferons ressortir, par comparaison avec d'autres légumineuses, quels avantages nous pourrons retirer de cette culture. Nous remarquerons simplement ici que cette plante nécessite, comme toutes les autres légumineuses, un sol très propre. Ce seul fait explique maintenant la culture soignée que nous avons appliquée au sol pendant trois ans, afin que toutes les plantes poussant à l'état spontané soient détruites.

Mauvaises pâtures ou « Clos » (4 ha.)

Ces pâtures étaient jadis de bonnes prairies, établies sur un terrain un peu sec ; assez mal entretenues, elles sont devenues la terre d'élection des ajoncs, des bruyères et de quelques maigres graminées.

Au printemps, elles sont livrées à la nourriture des bovins durant quelques jours ; elles servent ensuite de pâtures aux moutons. Les refus des animaux sont coupés et utilisés comme litières. Le sol, étant d'assez bonne qualité, peut être l'objet de grosses améliorations, sans dépenses exagérées.

Ces terres contiennent, comme toutes les anciennes prairies, d'assez grandes quantités d'azote ; elles seront donc défrichées complètement et livrées à la culture pendant quelques années.

Pour les mettre en valeur, on procédera exactement comme nous l'avons indiqué pour les landes.

Ces améliorations foncières terminées, le domaine de l'Ecubillon sera donc composé de :

Bois : 6 ha. 59 a. 35 c.
Terres de cultures : 32 ha.
- 13 ha. de la ferme A.
- 13 ha. de la ferme B.
- 6 ha. de landes et clos mis en valeur.

Hors-sole : 3 ha. de lotier corniculé.
Prairies naturelles : 20 ha.
- 10 ha. de la ferme A.
- 10 ha. de la ferme B.

II. — *Domaine de la Tamanie*

La ferme de la Tamanie sera la ferme annexe du domaine de l'Ecubillon. Cette ferme, parfaitement située dans une vallée fertile où l'eau abonde et où tout est bien disposé en vue de l'élevage, sera ainsi traitée :

Les prairies naturelles existant déjà (10 ha.). — Celles-ci seront seulement améliorées par l'apport d'engrais.

Les terres (16 ha.). — 15 hectares seront transformés en prairies naturelles. Un hectare seulement sera conservé près des bâtiments de la ferme, afin que les ouvriers destinés aux soins du bétail puissent cultiver des pommes de terre et des légumes utiles à leur consommation.

Nous donnerons plus loin la méthode employée pour la création des prairies.

Landes (3 ha.). — Dans cette ferme, où il n'y aura pas de cultures, les landes fourniront la litière utile au bétail pendant l'hiver. Ces 3 hectares resteront donc sans transformation, afin d'assurer cette production.

Exploitation des haies vives

Les domaines étudiés ici sont passablement boisés ; non seulement ils possèdent des taillis et des futaies, mais encore les champs sont entourés de haies vives.

Ces dernières sont, en général, formées par des gros chênes, au-dessous desquels la clôture du champ est assurée par des menus arbres ou arbustes : ronces, buissons, etc..

Ces haies entourent presque toutes les parcelles, aussi bien les prairies que les terres de culture. Est-il avantageux de cultiver dans ces conditions-là ? Non, certes, car l'ombre fournie par ces grands arbres cause des dommages considérables aux récoltes. Cependant, dans les prairies, nous pourrons laisser quelques arbres pour mettre le bétail à l'abri du soleil et des intempéries.

Donc ces arbres ne sont pas favorables à l'exploitation ; chaque année, ils causent plus de dommages aux récoltes qu'ils ne prennent de valeur. De plus, pour une pareille entreprise de transformation de sa ferme, le propriétaire aura besoin de gros capitaux. Il sera donc avantageux, pour l'exploitant, nous semble-t-il, de se procurer des fonds en vendant un certain nombre d'arbres, qui sont plus nuisibles qu'utiles aux terres du domaine.

VALEUR DE CES ARBRES

Ces arbres sont d'une assez grande valeur, ils peuvent être vendus pour faire des traverses de chemin de fer. On peut évaluer chaque traverse à 10 francs l'une ; en admettant que tous les frais d'exploitation soient payés par l'acheteur, il ne faudra pas oublier, lorsqu'on passera le sous-seing avec le marchand de bois, d'y spécifier la date à laquelle l'exploitation des bois doit être achevée.

POURQUOI L'EXISTENCE DE CES ARBRES ?

Afin d'éviter les discussions entre colons, et pour bien délimiter la part de terrain que chacun avait à cultiver, les champs des deux domaines étaient séparés par des haies vives; mais du fait que nous réunissons les terres de l'exploitation en un seul faire-valoir direct, nous avons intérêt à arracher ces haies, qui font des champs trop petits, peu avantageux pour le cultivateur. Les grandes pièces sont plus faciles à travailler ; les ouvriers et les attelages y font beaucoup plus de travail.

CHAPITRE III

Détermination d'un Système de Culture

Au moment où nous avons changé le mode d'exploitation du domaine de l'Ecubillon, où nous avons fait de la terre de la Tamanie, la ferme annexe de notre nouveau faire-valoir direct, où les grosses améliorations foncières sont achevées, la question se pose au propriétaire : Comment déterminer un système de culture ?

Pour traiter pareille question, il faut comparer les avantages et les inconvénients qu'il peut y avoir à la pratique de telle ou telle culture, en vue d'une spéculation déterminée : soit pour la vente directe des produits, soit encore pour les faire consommer par le bétail de la ferme. Les plantes que nous aurons à cultiver dans notre assolement demandent une étude spéciale, afin de voir si elles peuvent pousser favorablement sous le climat de la région et si, dans notre sol, elles trouveront les principes fertilisants demandés par leurs exigences. Si ces éléments ne sont pas fournis par le sol, il faudra les y introduire, et, dans ce cas, le propriétaire devra calculer, afin de ne pas s'exposer à des mécomptes. Il ne doit pas s'obstiner à faire sur un sol, plutôt de valeur moyenne, des cultures aussi exigeantes que sur des riches terres limoneuses ; il serait alors obligé d'apporter trop d'engrais, pour obtenir des rendements qui ne les payeraient pas assez.

Donc, pour établir notre système de culture, nous nous baserons sur le climat de la région, sur la géologie, étudiée plus haut, et sur les cultures pratiquées de nos jours dans la région.

CULTURES ACTUELLES

Elles seront pour nous, dans cette tâche, des guides précieux. Nous verrons quelles sont les plantes qui sont le plus avantageusement cultivées de nos jours dans les fermes du pays ; les motifs pour lesquels certaines sont à préconiser ou à rejeter ; les améliorations à effectuer pour favoriser leurs rendements.

Nous avons vu, dans un chapitre précédent, les cultures d'une ferme actuelle exploitée par métayage ; celles-ci sont trop bien adaptées au climat et au sol pour que nous essayons d'y changer quelque chose. Nous avons seulement à objecter les points suivants :

1° Ayant changé le mode d'exploitation, les deux métairies de l'Ecubillon ne formant plus qu'une seule ferme, il convient de faire un nouvel assolement ;

2° L'étude de la restitution pour chaque plante;

3° Ayant l'intention de pratiquer surtout l'élevage, qui réussit fort bien dans la région, nous devons faire entrer dans notre assolement, des fourrages et des plantes racines, assurant la nourriture d'un nombreux bétail.

Nous porterons la plus grande attention aux cultures nécessitées par l'élevage. Ce sont, en effet, les mieux qualifiées pour fertiliser le sol de la ferme.

Les plantes cultivées dans ce but seront ou des plantes sarclées, donc nettoyantes, ou des légumineuses enrichissant le sol en azote.

Ces plantes, bien cultivées, permettront de nourrir le maximum de bétail qui, sans parler des bénéfices fournis par la vente, contribuera, par la production du fumier, à la fertilité du sol.

Nous avons donc à exploiter l'étendue suivante :

I. L'ÉCUBILLON

Bois	6 ha. 59 a. 35 c.
Terres de culture	35 ha.
Prairies naturelles	20 ha.

II. FERME ANNEXE : TAMANIE

Prairies	25 ha.
Terres	2 ha.
Landes	3 ha.
Bois	3 ha.

D'après l'étendue, la valeur de ces terres et les spéculations projetées, nous allons essayer de déterminer un système de culture convenant bien à la ferme.

La première objection à laquelle on se heurtera sera celle-ci :

Pourquoi faire de l'élevage plutôt que de la culture ?

Les spéculations de la ferme ne consisteront pas uniquement en de l'élevage. L'assolement que nous allons établir un peu plus loin va nous dissuader de ce fait. Il est impossible de faire de l'élevage sans culture. Comment nourrir convenablement un bétail, uniquement avec des prairies naturelles ? Il nous faut des fourrages, qui fournissent une nourriture plus riche, plus abondante. On a besoin, pour l'entretien et l'engraissement à l'auge, pendant l'hiver, de plantes racines, et, pour les obtenir, il est nécessaire de faire de la culture.

Mais pourquoi préférer ces cultures à celles, par exemple, de plantes industrielles comme le lin, les betteraves sucrières, etc... ? Ces cultures sont trop exigeantes pour notre sol, les engrais mis pour les obtenir ne seraient pas avantageusement payés. De plus, la question primordiale des débouchés, pour ces récoltes, se pose. Comment écouler ces produits ? Il faudrait les envoyer à des industries lointaines et les frais de transport élevés viendraient encore diminuer les bénéfices. Donc, ces cultures sont actuellement impossibles sur notre sol.

Mais ce que nous voulons obtenir dans cette ferme, c'est une régulière combinaison de la culture et de l'élevage. On aurait tort de ne pas vouloir se livrer à une telle spéculation. En effet, les prédispositions naturelles de notre Limousin pour son élevage de bovins, sa race fort réputée, nous incitent naturellement à cette spéculation. De plus, l'état de la ferme dans laquelle nous trouvons 20 hectares d'excellentes prairies, bien aménagées, auxquelles nous ajoutons encore 25 hectares de prés situés dans notre ferme annexe, nous pousse à l'élevage plutôt qu'à la culture.

Et le mot célèbre de Gasparin est là pour nous encourager dans cette voie : « Beaucoup d'agriculteurs se sont ruinés pour avoir eu trop de terres de culture, mais on n'en cite pas un seul qui ait fait de mauvaises affaires pour avoir eu trop de prés. »

Cette parole, qui est peut-être un peu forcée pour les pays de grande culture, convient parfaitement à notre ferme.

A l'époque où notre pays subit une grande crise, au point de vue de la main-d'œuvre agricole, nous estimons qu'il faut réduire le plus possible le personnel de la ferme, ce que nous obtiendrons plutôt par l'élevage que par la culture.

L'élevage est une excellente spéculation pour la ferme qui peut s'y livrer avantageusement. Il semble, en effet, que la viande trouvera des débouchés sur notre terre française qui, malgré ses belles et nombreuses races bovines et ovines, est encore tributaire de l'étranger pour son alimentation. Chaque année, en effet, notre pays achète, pour des sommes assez élevées, de la viande aux diverses puissances étrangères. Ne serait-il pas préférable que ces sommes restent aux éleveurs français, plutôt que de les offrir à des producteurs étrangers ?

La voie, que nous avons l'intention de suivre, nous paraît donc favorable pour le moment. Mais le jour où, sur notre sol, d'autres spéculations pourraient laisser des bénéfices plus élevés, nous ne manquerons pas de les adopter, si nous le pouvons.

I. — *Domaine de l'Ecubillon*

Assolement

La première question que nous allons traiter est la détermination d'un assolement pour les 35 hectares de culture. Nous proposons le suivant :

1re sole : 4 ha.

Betteraves	3 ha.
Pommes de terre	1 ha.

2e sole : 4 ha.

Blé, raves en culture dérobée	4 ha.

3e sole : 4 ha.

Topinambours	4 ha.

4e sole : 4 ha.

Avoine de printemps	4 ha.

5e sole : 4 ha.

Trèfle violet	4 ha.

6e sole : 4 ha.

Blé	4 ha.

7e sole : 4 ha.

Vesce	2 ha.
Seigle fourrage	1 ha.
Trèfle incarnat	1 ha.

(culture dérobée de maïs fourrage)

8ᵉ sole : 4 ha.

Avoine d'hiver .... 4 ha.
(semis de colza pour enfouir en vert)

Hors-sole : 3 ha.

Lotier corniculé .... 3 ha.

Etude et discussion de cet assolement

Nous choisissons cet assolement, qui nous paraît des plus avantageux aux divers points de vue suivants :

1° Succession des cultures ;

2° Restitution envers le sol ;

3° Spéculations projetées ;

4° Occupation du personnel et des attelages ;

5° Utilisation des produits.

1° AU POINT DE VUE DE LA SUCCESSION DES CULTURES

Cet assolement répond bien, par son harmonie dans la suite des cultures, à la grande loi : « Une plante salissante doit être suivie d'une plante nettoyante, et à une plante épuisante doit succéder une plante améliorante ».

Cette grande loi, qui est la base de tous les assolements, ne saurait être trop sévèrement appliquée, si on veut obtenir de bons résultats. Nous allons voir si cette loi est mise en pratique dans notre assolement.

Dans la 1re sole, nous mettons des betteraves et des pommes de terre. Ces plantes demandent un sol bien travaillé, exempt de mauvaises herbes, propreté qui est assurée par des binages fréquents. Après ces récoltes, le sol sera donc apte à produire du blé dans la deuxième sole. Celui-ci, en effet, veut une terre propre et il la laisse souvent en mauvais état. Dans les soles de plantes sarclées, le cultivateur ne saurait trop, même à des prix souvent élevés, faire effectuer de bonnes façons culturales. Les mauvaises herbes détruites à temps ne monteront pas à graines et libéreront en partie le sol de sa végétation spontanée, qui vit aux dépens des plantes cultivées en absorbant une partie des engrais.

Dans la 2e sole. — Le blé viendra toujours avantageusement après de bonnes façons et des engrais mis en quantité convenable, c'est-à-dire d'après la règle du mélange : azote $\times$ acide phosphorique $\times$ potasse $\times$ chaux.

Culture dérobée. — Elle sera faite en vue de retenir à la surface l'azote des nitrates. En effet, étant mis dans un sol très perméable, ceux-ci seraient vite entraînés dans les profondeurs du sous-sol ; le cultivateur les aurait payés fort cher et n'en aurait pas tiré tous les avantages espérés.

3e sole. — Plante sarclée, donc nettoyante, très avantageuse pour notre ferme, puisque le topinambour, a-t-on dit, est « la betterave des pays pauvres ».

4e sole. — Avoine de printemps. L'arrachage des topinambours étant terminé en mars-avril, on peut alors semer le trèfle et une avoine destinée à servir de plante-abri au jeune fourrage. Par son rendement, la céréale rémunérera le cultivateur des frais de culture faits pour le semis du fourrage.

5e sole. — Trèfle. Employé comme fourrage, le trèfle permet, par des coupes répétées, de détruire la végétation envahissante du topinambour : d'abord à la moisson de l'avoine, puis par les deux coupes de fourrage faites sur le trèfle. On arrive ainsi facilement à se défaire du topinambour ; sans ces pratiques, on serait obligé de mettre le tubercule hors-sole et de le cultiver pendant quelques années sur une même terre, méthode qui diminue beaucoup le rendement d'une plante si précieuse pour l'engraissement de nos animaux.

6e sole. — Blé. La raison qui nous force à mettre un blé après trèfle est fournie par l'emploi des engrais ; nous traiterons cette question en examinant cette assolement au point de vue de la restitution.

7e sole. — Le sol, laissé plus ou moins propre par la culture du blé, sera nettoyé facilement par une culture de plante fourrage, qui ne demande pas beaucoup de main-d'œuvre.

8e sole. — On terminera l'assolement par une avoine d'hiver, qui, par son bon rendement, son poids avantageux et enfin toutes ses qualités, achève bien un assolement.

2° RESTITUTION

Elle a pour but de rendre au sol, par des engrais, les éléments exportés par les récoltes. Nous allons étudier maintenant si elle se fait rationnellement dans l'assolement préconisé.

1re sole. — A cause de sa légèreté, le sol demande un fumier décomposé. Celui-ci, en même temps qu'il fournira les éléments indispensables aux plantes, apportera de l'humus à la terre. Nous mettons une fumure organique sur cette sole, parce que les plantes sarclées cultivées l'utilisent plus avantageusement que les céréales. A cette fumure organique, qui serait insuffisante, on ajoutera des scories, du nitrate et de la sylvinite.

2e sole. — *Blé.* Après une telle fumure des plantes de première sole, on sèmera directement le blé sans y ajouter d'engrais. Au printemps seulement, si on le juge opportun, on mettra du nitrate pour activer la végétation des plantes qui auraient trop souffert de la rigueur de l'hiver. Le nitrate sera répandu avec précaution ; la dose sera établie d'après les besoins de la plante ; 150 kgs par hectare suffisent, en général. On fera, aussitôt après la moisson, une culture dérobée de raves, sans y ajouter d'autres engrais, afin que cette plante puisse absorber les derniers fragments de nitrate que le blé n'aurait pas employés.

3e sole. — On mettra encore une plante sarclée qui recevra la fumure et les engrais employés par la betterave. Nos terres légères dévorent le fumier, il est donc avantageux de remettre cet engrais assez souvent ; il vaut donc mieux, chaque fois, restreindre un peu la quantité et en mettre plus souvent. La terre contenant peu de chaux, cette sole sera chaulée, puisque le topinambour et le trèfle utilisent avantageusement cet élément.

4e sole. — L'avoine sera semée sans engrais. Après la bonne fumure de la sole précédente, elle pourra venir sans difficultés. Si la végétation n'était pas assez rapide au début, on pourrait l'exciter par un peu de nitrate.

5e sole. — Le trèfle fournira au sol une grande quantité d'azote, qu'il puisera dans l'atmosphère au moyen de ses nodosités. Ce sera donc une excellente culture améliorante.

6e sole. — Le blé après légumineuses est le meilleur et le moins cher que l'on puisse obtenir à la ferme. En effet, à la « défriche » du fourrage, l'azote abonde dans le sol ; il suffit d'ajouter de l'acide phosphorique pour empêcher l'excès d'azote de faire verser le blé. Le chaulage, encore assez récent, fournit la chaux nécessaire. Certains agriculteurs du Nord préfèrent, après leurs luzernes, faire des betteraves, nous ne pouvons dire jusqu'à quel point ils ont tort ou raison. Le blé utilise très bien l'azote, grâce à la présence de ses racines fasciculées. Au contraire, la betterave à racine pivotante, est gênée par les racines de la légumineuse ; aussi, souvent, les englobe-t-elle dans sa racine, ce qui n'est avantageux ni pour le propriétaire, s'il vend sa betterave à la densité, ni pour le sucrier, s'il achète les racines à la tonne.

7e sole. — Après la moisson, par un labour léger, on préparera la terre pour le semis de trèfle incarnat, seigle et vesce. Les cultures de cette sole auront pour but de remplacer la jachère morte pratiquée autrefois. Elles amélioreront le sol et fourniront un abondant fourrage pour le bétail.

Est-il plus avantageux de faire consommer ou d'enfouir ces récoltes comme engrais ?

Pour répondre à pareille question, il faut étudier les circonstances dans lesquelles on se trouve. Cela dépend du bétail que l'on possède à la ferme et du prix plus ou moins élevé de celui-ci. En général, ce fourrage est consommé par le bétail et restitue au sol les éléments que lui aurait fournis l'enfouissement de la plante sarclée. Dans beaucoup de cas, on agit ainsi et une grande partie des éléments fertilisants retournent au sol sous forme de fumier. Nous emploierons ce procédé, parce que pour une ferme où l'élevage sera important, nous trouverons peu de fourrages dans l'assolement.

8e sole. — Après les fourrages, l'avoine d'hiver recevra un peu de phosphates naturels et, si besoin est, un peu de nitrate au printemps.

Nous pouvons donc conclure que cet assolement convient parfaitement pour la restitution des éléments enlevés au sol.

3° SPÉCULATIONS PROJETÉES

Les betteraves, raves, topinambours, fourniront une nourriture qui sera la base de l'engraissement du bétail.

Le trèfle et les fourrages divers serviront à l'alimentation des animaux. La paille sera un complément de nourriture et fournira la litière nécessaire à la production du fumier.

Les avoines seront employées pour la nourriture des chevaux et bœufs de travail. Le surplus sera vendu. Le blé sera livré à la minoterie.

4° OCCUPATION DU PERSONNEL ET DES ATTELAGES

Afin d'éviter le départ des ouvriers et ainsi pouvoir assurer toujours la main-d'œuvre utile à la ferme, il convient donc de les utiliser pendant toute l'année. Il faut éviter de ne les garder qu'une partie de l'année.

Ici, à la ferme, nous voyons que l'assolement se prête bien à cette occupation permanente du personnel, par suite de la diversité des cultures. Les travaux de semis, d'entretien, de récolte, sont également répartis sur toute l'année. On retiendra les ouvriers en hiver en les employant aux chaulages, pour la sole de topinambours, aux travaux des prairies naturelles, au battage, coupe de bois, etc.

Les attelages. — Ceux-ci sont moins importants, mais cependant il faut les utiliser, car leur nourriture coûte cher. Les chevaux, surtout, ne doivent pas être laissés sans travail. Un cheval qui reste à l'écurie mange et ne produit pas et on peut redouter, d'autre part, les coups de sang.

Les bœufs n'offrent pas les mêmes inconvénients. Un cheval restant à l'écurie dépense de l'argent à son propriétaire, le bœuf n'en dépense pas autant, car le jour où il ne travaille pas, il transforme en viande les aliments reçus.

5° UTILISATION DES PRODUITS

Fourrages. — On ne peut pas vendre les fourrages, car le transport vers les grandes villes reviendrait trop cher.

Légumes. — Il est plus avantageux de cultiver des betteraves fourragères que des betteraves sucrières ; car le trop grand éloignement des sucreries rendrait cette culture peu avantageuse. D'autre part, la pulpe qu'on reprendrait par suite des frais de transport, reviendrait plus cher que la betterave fourragère, tout en renfermant une moindre quantité d'éléments nutritifs. Il n'y a donc pas avantage à opérer ainsi. Les raisons indiquées pour la betterave à sucre s'appliquent de même aux distilleries. Il est donc préférable de faire consommer à la ferme les produits obtenus par la culture. Le nombre de bêtes entretenues sera fixé d'après le rendement fourni par les récoltes. Le propriétaire devra ensuite déterminer par quelles espèces il doit faire consommer les produits de sa ferme. Pour ceci, il examinera les produits obtenus et les spéculations qui, par la vente, peuvent lui fournir le gain le plus important.

CONCLUSION

Nous voyons qu'en théorie cet assolement est très bien adapté aux principales spéculations de la ferme. Sa mise en pratique nous permettra de constater les modifications ultérieures qu'il y aura lieu d'y apporter.

Après avoir discuté l'assolement proposé, nous allons étudier en particulier les différentes plantes que nous avons l'intention de cultiver sur les terres de la ferme.

Dans une étude sur les spéculations végétales, nous avons donné une idée de la culture actuelle. Nous nous bornerons donc maintenant à montrer quelles sont les principales améliorations qu'il nous paraît utile d'apporter aux procédés actuels, afin d'augmenter les rendements des récoltes.

Ces améliorations pourront être faites de trois façons :

1° Par l'apport d'engrais en plus grande abondance ;

2° Par des façons culturales meilleures ;

3° Par le renouvellement et la sélection des semences.

Ces trois points étant la base de ce chapitre, nous les examinerons pour les quatre cas suivants :

a) Plantes sarclées ;

b) Céréales ;

c) Fourrages ;

d) Prairies naturelles.

a) **Plantes sarclées**

Betteraves (3 ha.)

La betterave fourragère sera cultivée sur 3 hectares, en mélange avec des topinambours. Elle servira à l'engraissement de nos bovins.

Choix d'une variété. — La betterave Mammouth et la Corne-de-Bœuf sont d'excellentes variétés, elles peuvent donner des rendements énormes, mais sont de conservation difficile et de faible valeur nutritive.

Les betteraves Globe jaune et Ovoïde-des-Barres, qui sont très cultivées en Limousin, donnent de moins gros rendements, mais sont plus nourrissantes.

Depuis quelques années, certains cultivateurs très soigneux ont essayé la demi-sucrière, qui a donné d'excellents résultats, aussi bien par les rendements obtenus que par ses qualités remarquables pour l'engraissement du bétail.

La Globe jaune et l'Ovoïde-des-Barres seront utilisées les premières années, tant que le sol ne sera pas encore en très bon état de culture.

Par la suite, nous essayerons la demi-sucrière Géante blanche, dont nous avons pu apprécier les avantages dans maintes fermes de la région.

Sol. — Le semis en billons sera prescrit dès qu'il sera permis de le faire. Mais, avant, il s'agit, par de bons labours à la charrue brabant, d'augmenter la profondeur de la terre arable, façon négligée par le métayer, puisqu'il laboure avec la charrue Dombasle, instrument qui remue seulement la couche superficielle du sol. Le semis en terre plane permettra l'utilisation du semoir en lignes, ce qui réduira beaucoup la main-d'œuvre nombreuse nécessitée pour le semis en billons.

Place dans l'assolement. — Les betteraves seront toujours mises en première sole, afin de recevoir la fumure qui servira aussi partiellement aux plantes suivantes. C'est la meilleure place qu'elles puissent occuper. Grâce aussi à la longueur de l'assolement, cette plante ne reviendra pas trop souvent sur le même emplacement.

Préparation du sol. — Ces racines viennent dans notre assolement après une avoine d'hiver. Celle-ci sera coupée en juillet et à la suite de la moisson on fera une culture dérobée de colza.

En novembre, on procédera, par un gros labour, à l'enfouissement de la plante verte et du fumier. En mars, nous passerons un coup de canadien et nous effectuerons des hersages pour ameublir la terre. A ce moment, on sèmera la sylvinite qui, étant peu entraînée par les eaux de pluie, reste dans les couches superficielles du sol. Cet engrais doit être mis dans le sol assez tôt avant le semis ; l'eau de pluie la débarrasse de ses chlorures, ce qui lui permet de ne pas gêner la germination de la graine. Ce fait, souvent ignoré ou peu respecté, a été pour certains agriculteurs la cause de mécomptes, alors que l'emploi de cet engrais exerce une heureuse influence sur les rendements des plantes racines et des tubercules. Les dernières façons de hersage et de roulage seront faites quelques jours avant le semis.

Engrais. — Cette plante demande une fumure complète ; les avances faites au sol serviront à la culture du blé qui suit la betterave.

On estime qu'une récolte de betteraves de 30.000 kgs enlève au sol :

Azote	160 kgs
$P^2 O^5$	70 kgs
$K^2 O$	300 kgs
Ca O	60 kgs

Une fumure constituée comme il suit pourra fournir les éléments demandés : fumier, 12 à 15 tonnes à l'hectare. Celui-ci devra être bien décomposé, puisque la betterave réclame des éléments immédiatement assimilables. Si on est obligé de se servir de fumier pailleux, il devra être enfoui longtemps à l'avance. Ce dernier cas n'est pas à préconiser pour nos terres légères, on pourrait s'exposer à des résultats médiocres.

On ajoutera 400 kgs de scories pour fournir l'acide phosphorique, 200 kgs de nitrate semé en deux fois : on en mettra 100 kgs à l'époque du semis et on ajoutera 100 kgs après le démariage pour faire reprendre la végétation.

Semis. — Le semis se fera donc au semoir en lignes quand on ne labourera plus en billons ; on mettra de 18 à 22 kgs de graine à l'hectare. Il vaut mieux ne pas semer trop épais ; si, en effet, pour des raisons diverses, la betterave avait besoin d'attendre un peu avant le démariage, elle ne serait pas autant incommodée. Le semis sera fait fin avril ou début de mai, époque habituelle à laquelle on sème la betterave dans le pays.

Façons. — Aussitôt la levée, on passera la houe à cheval afin d'ameublir la terre dans les interlignes. Le binage sera fait à la main en même temps que le démariage par des ouvriers recrutés dans le pays. Après le binage, on sèmera 100 kgs de nitrate à la main et l'on roulera énergiquement. Le sol ainsi préparé, les betteraves seront placées dans d'excellentes conditions de végétation, nous semble-t-il.

L'arrachage sera fait vers la fin d'octobre.

Utilisation des produits. — Les fanes seront pâturées par les moutons ; le reste sera enfoui par le labour, qui permettra d'effectuer ensuite le semis de blé.

Racines. — Elles seront mises en silos jusqu'au moment de leur utilisation pour l'alimentation des animaux de la ferme.

POURQUOI CULTIVER LES BETTERAVES COMME PLANTES RACINES ?

On aurait pu aussi bien cultiver, par exemple, des rutabagas ou des carottes. Mais nous avons préféré celles-ci pour les raisons suivantes :

1° Nous avons en vue une spéculation bovine et ovine, or cette plante leur convient mieux que les autres ;

2° La betterave croît assez bien dans nos terres silico-argileuses, mais toutefois les veut-elle bien fumées et bien travaillées ;

3° Enfin, ses rendements élevés et sa valeur nutritive la font mieux répondre que les plantes citées plus haut aux besoins de nos spéculations.

Pommes de terre (1 ha)

La culture de la pomme de terre à la ferme de l'Ecubillon ne sera pas très développée. Il y a lieu de constater cependant que cette plante est avantageusement cultivée dans nos terres siliceuses. puisqu'elle tendait même à devenir la culture industrielle du Limousin. On trouvait de nombreux débouchés. Les pommes de terre comestibles Early rose, Saucisse, étaient achetées par des acquéreurs qui les expédiaient aux halles des principales villes françaises. Les pommes de terre industrielles : Institut de Beauvais, Industrie, étaient vendues aux féculeries ou consommées à la ferme par des porcs.

Cette année, le doryphora a arrêté l'essor de cette culture dans notre pays et, tant que cet ennemi menacera d'envahir les cultures, il sera bon de ne pas augmenter la production de cette plante. La vente en nature des produits rémunère incontestablement mieux que la consommation par des porcs ; mais si le doryphora existe, on empêchera (cela a déjà eu lieu cette année), la vente des tubercules aux régions non contaminées.

Si ce fléau cesse et que les débouchés soient de nouveau avantageux, il est très possible que nous fassions dans notre assolement une plus grande place à cette plante. Si nous généralisons alors cette culture, nous prendrons des variétés de pommes de terre adaptées au but proposé. La Saucisse et l'Early rose, pour la consommation, sont excellentes, mais elles dégénèrent vite ; il faudra changer souvent la semence. Si nous voulons les livrer à la féculerie, nous prendrons la Wohltmann et l'Industrie, qui sont riches en fécule et donnent de gros rendements en tubercules.

Tant que le doryphora existera, nous ne pratiquerons pas cette culture sur une plus grande surface : nous ne voulons pas faire des frais de culture élevés pour risquer de ne pas obtenir de récolte, — l'invasion du parasite faisant avorter les tubercules, — ou encore être exposés à ne pas vendre les produits obtenus.

Donc, actuellement, nous nous contenterons de planter 1 hectare de pommes de terre pour les divers besoins de l'exploitation, et en fournir aux ouvriers qui ne seront pas nourris à la ferme. Et s'il faut renoncer complètement à cette culture durant quelques années, afin d'arrêter la propagation de cet insecte, il nous semble préférable de la supprimer totalement, car ce parasite ne trouvant plus son aliment principal serait ainsi forcé de disparaître de notre sol. S'il en était ainsi, on pourrait, à la place des pommes de terre, faire avantageusement une culture de haricots, qui demande à peu près le même sol et des façons analogues.

COMMENT PRATIQUER LA CULTURE DE LA POMME DE TERRE ACTUELLEMENT ?

Dans le cas présent, puisque c'est pour l'alimentation humaine, nous cultiverons les variétés les plus estimées : Early rose et Saucisse.

PLACE DANS L'ASSOLEMENT. — La pomme de terre viendra toujours en première sole, en même temps que la betterave, puisqu'elle réclame à peu près les mêmes façons culturales et les mêmes engrais que celle-ci.

ENGRAIS. — Une récolte de 20.000 kgs enlève au sol :

Az	101 kgs
P^2O^5	37 kgs
K^2O	182 kgs
Ca O	85 kgs

Nous mettrons donc :

Fumier	12 à 15 tonnes
Scories	400 kgs
Sylvinite	200 kgs
Nitrate	100 kgs

Cette plante donne d'excellents rendements, qui sont influencés à la fois par la variété, la quantité d'engrais et le travail du sol. Ainsi, ils peuvent varier de 7-8.000 kgs à 30 ou 35.000 kgs à l'hectare. On voit donc qu'on ne saurait trop insister sur l'emploi des éléments fertilisants, surtout des engrais potassiques, dont la plante fait un usage merveilleux.

Plants. — Le choix des plants est de première importance. On devra préférer les tubercules moyens aux petits, qui donnent une récolte médiocre. Les gros fournissent des rendements plus élevés, mais en les semant l'agriculteur fait une grosse avance de fonds sans en retirer des avantages proportionnés.

Les plants coupés sont peu à recommander, car ils permettent un accès facile aux maladies. Cependant, si on est obligé de les employer, il faudra cicatriser la plaie en mettant sur les plants du sable ou des cendres.

Si on se sert de plants douteux ou étrangers, il faudra les traiter avec 125 grammes de sublimé corrosif dans 100 litres d'eau. On laissera tremper les tubercules pendant une heure dans cette solution.

Les plants seront changés le plus souvent possible, afin d'obtenir de meilleurs rendements et d'éviter les maladies et la dégénérescence, trop connues dans notre pays.

La plantation. — Elle sera faite en avril, à la charrue. Cette opération se pratique ainsi : on trace une ligne de dix à douze centimètres de profondeur, on place les tubercules au fond du sillon ; la charrue les recouvre en ouvrant un nouveau sillon.

Si toutefois, à la ferme, on donnait une plus grande extension à cette culture, on se servirait de la planteuse qui, en terre meuble et bien préparée, donne une meilleure répartition des tubercules. Les pommes de terre sont espacées en général de 0^{m}50 entre les lignes et de 0^{m}40 sur la ligne ; cet espacement convient bien, car il fournit une place suffisante pour que la plante puisse croître convenablement. Le plant est enterré à environ 8-10 centimètres de profondeur.

Soins de culture. — On entretiendra la propreté de la culture par des binages à la houe à cheval. Quand les tiges auront 10-12 centimètres, on procédera au buttage, façon indispensable dans la culture de la pomme de terre, si on ne veut pas obtenir des tubercules verdis par l'action de la lumière.

L'utilité du buttage a été contestée, mais la majorité des variétés s'en accommode bien et cette façon permet en même temps l'arrachage facile des tubercules.

L'Arrachage. — Il sera fait à la charrue. Si cette culture prenait de l'extension à la ferme, on pourrait acheter une arracheuse, qui servirait à la fois pour l'arrachage des pommes de terre et des topinambours. La meilleure de ces machines paraît être actuellement *l'International*.

Elle comprend un élévateur sur lequel passent les tubercules et la terre soulevés par un soc ; la terre traverse les mailles du tablier mobile à claire-voie, tandis que les tubercules tombent à l'arrière de la machine ; il n'y a plus qu'à les ramasser sur le sillon. Des griffes placées à l'arrière de l'appareil ont pour action de rejeter les fanes sur le côté. Cette machine a l'avantage de ne pas projeter au loin les tubercules comme le font les instruments à fourches. Actuellement, si nous devions acheter une arracheuse, ce serait celle que nous préférerions. Les tubercules une fois ramassés, on rassemblera les fanes pour les brûler, afin de détruire les germes de maladies qu'elles peuvent contenir.

ENNEMIS ET MALADIES

Le doryphora. — Il menace d'anéantir la culture de la pomme de terre, en Limousin ; on pourrait le traiter ainsi : pulvériser les feuilles de la plante avec l'arséniate diplombique mélangé à l'eau, à raison de 1 %. Il faudrait renouveler cette opération toutes les trois semaines au moins. Ce traitement peut être appliqué sur de petites étendues, mais en grande culture il coûterait trop cher, demandant beaucoup de main-d'œuvre.

Si cet insecte continue son invasion, le moyen le plus simple, nous semble-t-il, sera de ne pas cultiver de pommes de terre afin de le détruire plus rapidement.

La culture sera alors remplacée par les haricots « Suisse lingot » qui, comme nous l'avons dit plus haut, sont avantageux pour la région.

Les maladies de dégénérecence seront combattues surtout par l'achat de semences et par une sélection méthodique des plants.

Topinambours (4 ha.)

Nous allons comparer ici la betterave et le topinambour au point de vue de la valeur alimentaire, afin de démontrer l'avantage que nous avons à cultiver ce dernier en vue de l'engraissement des bovins sur nos terres limousines où, déjà, il occupe une assez grande étendue.

Composition :	Betterave fourragère	Topinambour
Eau	88	77,18
Matières azotées	1,1	2,03
Matières grasses	0,1	0,12
Matières minérales	0,8	1,43
Hydrates de C.	9,1	14,27
Cellulose	0,9	4,97

A poids égal, le topinambour est donc plus riche que la betterave pour toutes les matières qu'il contient. Cependant, sa teneur en eau est moindre, ce qui n'est pas désavantageux. Mais il contient plus de cellulose, qui rend le tubercule plus difficile à digérer par le bétail.

Nous avons dit à peu près comment se faisait sa culture actuellement ; nous nous bornerons ici à faire ressortir les améliorations qu'il y a lieu d'y apporter :

ENGRAIS. — Un rendement de 30.000 kgs enlève au sol environ :

Azote	204 kgs
P^2O^5	71 kgs
K^2O	431 kgs
Ca O	199 kgs

Quelle fumure devons-nous proposer ? D'abord, un chaulage est nécessaire ; notre sol, en effet, manque de chaux ; l'introduction de cet élément dans le sol augmente le rendement des topinambours et celui des trèfles cultivés dans la suite.

Nous mettrons la fumure suivante :

12-15 tonnes de fumier de ferme.
150 kgs de nitrate.
200 kgs de scories.
250 kgs de chlorure de potassium.

Cette fumure paraît convenir, d'après les quantités d'azote, de P^2O^5, de potasse et de chaux réclamées par cette plante.

La fumure de fumier de ferme sera la deuxième dans l'assolement ; cela paraîtra peut-être étrange, mais il ne faut pas oublier que nous sommes en sol léger et que la terre nécessite des fumures répétées, si on veut conserver un sol riche en humus, l'élément des bonnes récoltes.

PLACE DANS L'ASSOLEMENT. — Le topinambour viendra dans notre exploitation en troisième sole. Il sera suivi d'une céréale avec semis de trèfle violet, afin de pouvoir détruire par le fauchage la végétation envahissante de cette plante.

Notre assolement permet de changer de place, chaque année, la culture de ce tubercule. Ceci est plus avantageux que de le laisser deux ou trois ans sur un même sol, où on obtient des rendements médiocres, par suite de la mauvaise exécution des façons culturales.

Choix des tubercules. — On plantera des tubercules entiers et, de préférence, de taille moyenne ; l'emploi des plus gros nécessite la division de ceux-ci, opération qui les rendrait sujets à se gâter ou à se dessécher dans le sol.

Les soins de végétation seront les mêmes et l'arrachage se fera comme de nos jours dans la région. Cependant, si on achetait l'arracheuse de pommes de terre décrite précédemment, elle pourrait avantageusement servir à leur extraction du sol.

Raves (4 ha.)

Pour remplacer la culture de navets, nous ferons 4 hectares de raves du Limousin, en culture dérobée, après la moisson du blé de deuxième sole.

La céréale étant récoltée du 15 au 20 juillet, le semis de la nouvelle plante sera aussitôt effectué. On pratiquera cette culture dans les mêmes conditions qu'elle se fait actuellement avec la seule restriction suivante :

Le semis, au lieu d'être fait à la volée, sera effectué à l'aide du semoir en lignes.

La culture de raves ainsi traitée sera plus facile à biner à la houe à cheval, le démariage pourra être fait, sinon plus vite, du moins beaucoup mieux que dans le cas de semis à la volée.

b) Céréales

Blé (8 ha.)

Place dans l'assolement. — Le blé cultivé sur 8 hectares vient ainsi : 4 hectares en deuxième sole, c'est-à-dire après betteraves et pommes de terre, et 4 hectares suivent la culture du trèfle violet.

Que faut-il améliorer ou changer dans la culture actuelle du blé à la ferme ?

1° Les Fumures. — a) *Après betteraves.* — Le blé n'a pas besoin, pour pousser, de nouvelles quantités d'engrais. Les betteraves ont été bien fumées, il peut donc croître sans nouvel apport d'engrais minéraux. Si toutefois, au printemps, le départ de la végétation était trop lent à venir après le hersage, on mettrait une dose de nitrate variant entre 80 et 150 kgs à l'hectare.

b) *Après trèfle.* — Le sol a été enrichi en azote par la légumineuse ; pour avoir une bonne récolte de blé, il nous suffira de mettre l'acide phosphorique en quantité nécessaire, afin d'éviter la verse. On apportera donc, au moment du semis, 400 kgs de scories à l'hectare.

2° Changement des semences. — Les semences actuellement employées ne sont pas assez souvent changées, le grain utilisé pour le semis est en général trop souvent celui récolté sur les terres de la ferme. Si on veut obtenir de bons résultats, il faudra à la fois changer les semences et même les variétés.

Choix des variétés. — Le Bon-Fermier et la Nonette-de-Lausanne sont les deux blés les plus cultivés à la ferme et dans la région. Ce sont, certes, des blés excellents, mais ils se fatiguent des terres de la ferme ; il y a lieu de les changer.

Quelles variétés pourra-t-on choisir alors ?

Nous n'introduirons pas des variétés nouvelles comme les hybrides de la paix, hybride inversable, etc..., qui, étant trop exigeantes, donneraient sur nos sols des rendements médiocres ; nous ferons appel à des blés rustiques :

Suisse 22,

Moyencourt,

Rouge de Bordeaux,

Goldendrop,

Téverson.

Ces variétés, déjà essayées dans la région, ont fourni de bons rendements. On pourra les introduire pendant quelques années, à tour de rôle.

Comment changer la semence ? — Faut-il acheter toute la semence à la fois pour en ensemencer aussitôt ses terres ? Non, car on pourrait avoir des mécomptes. Comment opérer, alors ?

Acheter quelques quintaux de blé, les semer dans une terre bien préparée, bien fumée. L'année suivante, on obtient ainsi une bonne semence.

Avantages de ce mode. — *a*) Les blés ayant été déjà cultivés une fois dans la région s'acclimatent peu à peu.

b) Si, à la suite d'un accident, le blé ne levait pas, soit à cause de la mauvaise qualité de la semence, soit pour quelque autre motif, une infime partie seulement de la récolte serait compromise.

c) Ce moyen permet donc de faire des essais sur une variété et de juger s'il y a profit à en généraliser la culture.

Quels blés faut-il semer ? — Faut-il semer des semences pures ou des semences mélangées ?

Il est évident que la production de blés purs est excellente pour la vente comme grains de semence. En effet, on le vend toujours au moins 10 à 15 francs par quintal, en plus du cours du blé de minoterie, et celui-ci ne réclame en terrain riche ni engrais ni main-d'œuvre supplémentaires.

Mais dans un terrain qui était jadis livré au seigle et où il faut mettre de grosses quantités d'engrais, ce serait une erreur, nous semble-t-il, de vouloir entreprendre cette spéculation. En effet, le blé produit sur un pareil sol n'est pas aussi rempli, n'a pas aussi bel aspect que le blé venu dans les contrées riches. Il serait difficile de l'écouler comme semence.

Il faut donc se contenter de faire des blés mélangés, qui, certes, ne donnent pas les avantages des précédents pour la vente, mais sur lesquels on peut espérer une meilleure réussite. En effet, les diverses variétés qui forment un mélange ne fleurissent pas toutes à la même époque ; donc si le temps n'est pas favorable pour l'une, il pourra l'être pour l'autre et de ce fait toute la récolte n'est pas compromise comme si on n'avait qu'une seule espèce de blé. En outre, le panache du grain est assez apprécié des minotiers.

3° Façons culturales. — Nous ne saurions trop insister ici sur les questions de hersage et de roulage des céréales au printemps. Nombreux sont les agriculteurs limousins, qui, encore de nos jours, et à tort, n'effectuent pas ces façons. Elles sont pourtant excellentes. La première aère le sol, l'ameublit superficiellement, en un mot met le blé en milieu favorable à son développement au moment où il talle, époque importante de laquelle dépendra, en grande partie, la récolte.

Le roulage fait bien adhérer, à la terre, la céréale quelquefois un peu arrachée par le hersage. De plus, le passage de cet instrument disloque les mottes non effritées par la gelée et enfonce les cailloux, qui sont si nuisibles aux faucheuses et moissonneuses.

Avoine de printemps (4 ha.)

Nous avons déjà exposé le but essentiel de cette culture, qui est de servir de plante-abri au trèfle. Quelles remarques pouvons-nous faire au sujet de cette plante ?

1° Changement de variétés. — La semence sera changée pour les mêmes raisons déjà citées pour le blé. On pourra facilement introduire :

Avoine Victoria,

Jaune-d'Yvois,

Pluie-d'Or,

qui, d'après les expériences faites dans le pays, ont l'air de bien réussir.

2° Engrais. — Une récolte de 25 quintaux demande :

Azote	126 kgs
K^2O	129 kgs
P^2O^5	79 kgs
Ca O	38 kgs

D'après ses exigences, l'avoine peut bien réussir sur notre sol granitique pauvre en CaO et P^2O^5.

Nous ajouterons seulement, comme engrais, 100 kgs de nitrate, à l'époque du semis, parce que, venant après topinambour, plante ayant été fortement fumée, on pourrait craindre la verse.

Choix du grain. — Le grain d'avoine doit être bien rempli, luisant, de la dernière récolte et surtout bien nettoyé. Cette semence n'est presque jamais sulfatée et cependant il serait avantageux de le faire :

1° Pour sélectionner les graines, en éliminant celles qui surnagent ;

2° Garantir la plante contre les maladies.

Le semis sera fait le plus tôt possible, dès que les topinambours seront enlevés. Dans nos régions, en effet, l'avoine de printemps semée tardivement ne réussit pas ; si le sol est desséché par le soleil, la plante périt avant d'avoir pu former ses graines.

Si le semis ne pouvait être effectué à temps, nous remplacerions l'avoine par l'orge de printemps, qui résiste beaucoup mieux aux fortes chaleurs.

La moisson sera effectuée aussitôt la maturité de la céréale, afin que le trèfle puisse ensuite se développer convenablement.

Avoine d'hiver (4 ha.)

Pourquoi faire une avoine d'hiver en dernière sole, après les cultures de fourrages ?

Les raisons suivantes nous amènent à cultiver une avoine d'hiver et non un blé sur cette sole :

1° L'avoine d'hiver réussit parfaitement dans les terres silico-argileuses de notre ferme.

2° Cette plante nous fournira des grains pesant plus lourd, mieux nourris que ceux de l'avoine de printemps.

3° Ils seront donc d'une plus grande valeur nutritive.

4° Réussissant bien sur notre sol, elle sera plus rémunératrice que le blé.

Engrais. — Venant après les fourrages, elle trouvera dans le sol assez d'azote ; nous nous contenterons d'ajouter :

150 kgs de chlorure de potassium.
200 kgs de scories.

Cette fumure paraît suffisante pour donner de bons rendements. Au printemps, lors du hersage, on mettra 100 kgs de nitrate à l'hectare pour activer le départ de la végétation.

Variétés. — A la variété Grise commune d'hiver, très cultivée dans le pays, on pourrait substituer la Noire-de-Belgique, bien qu'elle soit peut-être un peu plus exigeante que la première.

Cette céréale d'automne devra être hersée et roulée comme les autres, en mars-avril.

Cas à considérer pour les céréales en général

I. — Moisson

Elle sera faite à l'époque de la maturité de chaque céréale. Comment va-t-on l'exécuter ? Avec les deux moissonneuses-javeleuses qui existent déjà dans la ferme ou avec une lieuse que l'on achètera ? Quel sera le mode le plus avantageux ? La question de l'achat d'une lieuse paraît être non seulement réalisable, mais économique. Nous avons, en effet, 16 hectares de céréales à couper.

Pour effectuer la moisson avec la javeleuse, il faut au moins cinq ou six hommes pendant la marche de la machine, afin d'écarter les javelles, et encore les bottes ne sont pas liées. Tandis qu'avec la lieuse, deux hommes pour couper et un troisième pour relever les bottes, peuvent suffire. Cette réduction considérable de la main-d'œuvre est appréciable de nos jours.

Donc, même pour 16 hectares de céréales, nous estimons qu'il est préférable d'acheter une moissonneuse-lieuse.

II. — Semoir

Les céréales ne seront plus semées à la volée, le semoir en lignes est bien préférable ; il exige tout d'abord moins de semence, fournit un meilleur travail parce qu'il répand plus régulièrement la graine. Ce mode de semis permet aussi d'effectuer plus facilement les façons culturales.

Les pieds de céréales, ayant plus d'espace, tallent davantage et donnent de meilleurs rendements. L'achat de ce semoir sera donc avantageux. Il nous servira aussi pour les semis des betteraves, des raves et des fourrages.

Destruction des « rabiaux » (ravenelle)

Les « rabiaux » envahissent les champs de céréales et diminuent les récoltes dans de fortes proportions. Le procédé de destruction serait l'arrachage à la main, mais il est pénible et coûteux.

On a employé le sulfate ou le nitrate de cuivre à l'état de dissolution dans l'eau, à raison de 2 kgs 500 à 3 kgs 500 pour 100 litres d'eau. Cette solution est répandue sur les plantes à l'aide de pulvérisateurs. On pratique cette opération en mai-juin, à l'époque où ces crucifères ne sont pas encore complètement développées, de façon à les tuer avant qu'elles nuisent sérieusement à la céréale.

On répand 10 hectolitres de liquide à l'hectare. Cette opération doit être faite par temps sec, afin que la pluie n'entraîne pas la solution.

Les « rabiaux » sont tués par les sels de cuivre sans que la céréale soit atteinte gravement. On a réduit ces opérations par l'emploi de sulfate de fer neige, que l'on sème le matin à la rosée, afin qu'il puisse mieux adhérer aux plantes.

Mais le traitement par l'acide sulfurique à 10 % reste le plus efficace et celui qui fournit les meilleurs résultats, aussi bien dans notre Limousin que dans toute la France.

Battage des céréales

La faible étendue de céréales cultivées à la ferme ne nous permet pas l'achat d'une batteuse. Nous continuerons à recourir aux entreprises de battage.

Les batteuses à lieur commencent à être employées par les entrepreneurs, alors qu'auparavant il fallait lier et ramasser la paille derrière la batteuse.

Ce mode était avantageux à l'époque où on

n'avait pas d'autres moyens, mais de nos jours les lieurs sont beaucoups plus pratiques :

1° Ils permettent de n'avoir pas à s'occuper des liens (semer une culture de seigle, faire les liens, etc...).

2° Ils évitent un nombre élevé d'ouvriers, un lieur mécanique remplaçant les trois ou quatre hommes occupés à ce travail.

Donc les batteuses munies d'un lieur sont préférables aux autres ; nous aurons recours à celles-ci.

Le battage sera fait en deux fois :

1° Aussitôt la récolte, pour les blés de semence de la ferme et pour une partie de l'avoine d'hiver dont on pourra avoir besoin soit pour le bétail, soit pour le semis, soit pour la vente.

2° Pendant l'hiver, pour le reste du blé et pour l'avoine d'été.

Les conditions du battage à l'entreprise seront à peu près identiques à celles que nous avons citées plus haut.

c) **Fourrages**

Bien que ces plantes rendent de très grands services à la ferme limousine, le métayer n'a pas encore compris toute leur valeur, sinon il les cultiverait sur une forte étendue. Les fourrages sont le secret de la culture améliorante par leur action fertilisante sur le sol et l'auxiliaire précieux de l'éleveur, par la nourriture abondante et riche qu'ils fournissent. Pourquoi donc ne pas leur faire une place plus grande dans les assolements en général et particulièrement dans notre région limousine ; la terre de culture a cependant besoin d'y être sans cesse améliorée ; il faut au cultivateur des fourrages abondants afin d'assurer la nourriture nécessaire à l'entretien de son nombreux bétail. Or, ils sont insuffisants, puisqu'il faut avoir recours aux prairies naturelles pour obtenir le foin utile au bétail durant l'hiver.

A la ferme de l'Ecubillon, reprise en faire-valoir direct, nous consacrerons deux soles de notre assolement à leur culture et nous aurons, en plus, hors-sole, 3 hectares de lotier corniculé.

Nous avons, en effet, remarqué les bienfaits trop évidents de ces cultures pour que nous ne leur donnions pas toute l'extension désirable.

Ces plantes, de la famille des légumineuses, pour la plupart, ont produit une heureuse révolution dans les anciens systèmes de culture.

Elles augmentent avantageusement la durée des assolements à court terme et ont fait disparaître en grande partie les jachères mortes qui, tout en demandant du travail et en occasionnant des dépenses de la part du cultivateur, ne produisaient rien. L'heureuse introduction des fourrages a donc permis de réduire, sinon de supprimer radicalement, la jachère, en même temps qu'elle a diminué la main-d'œuvre, puisque la préparation du sol et les soins de végétation sont grandement simplifiés.

Ces plantes fournissent une plus grande quantité de fourrage pour le bétail, d'où il s'ensuit comme conséquences naturelles :

1° Accroissement de la production et de la qualité du fumier par suite d'une meilleure nourriture distribuée aux animaux.

2° Entretien à la ferme d'un plus grand nombre de têtes de bétail, les rendements élevés devant être la conséquence des améliorations introduites dans la culture par l'augmentation du fumier produit.

Ces plantes offrent moins de risques que les autres cultures ; leurs racines pivotantes permettent une plus forte résistance à la sécheresse, et presque toutes fournissent plusieurs coupes annuelles.

Certaines de ces plantes, cultivées en ce moment à la ferme, seront conservées, mais nous verrons comment il y aura lieu de les changer ou d'introduire de nouvelles variétés, lorsqu'elles seront lassées de nos terres. Elles améliorent considérablement le sol par leurs racines pivotantes, qui vont puiser profondément dans le sol des éléments inutilisés ou perdus pour les autres cultures.

Les débris abandonnés par ces cultures lors du défrichement de la prairie sont abondants et riches en éléments fertilisants.

Enfin, les légumineuses fixent l'azote atmosphérique au moyen de leurs nodosités. Elles sont un moyen certain que l'agriculteur peut utilisèr pour passer de la culture extensive à la culture intensive.

Cependant, la production des fourrages devient épuisante dès que la plante cultivée est envahie par les mauvaises herbes. Nous verrons donc comment il faut les traiter pour empêcher le développement de la végétation adventice nuisible.

Quels fourrages devons-nous cultiver ?

Dans notre assolement, nous proposons :

Trèfle violet	4 ha.	
Vesce	2 ha.	en culture dérobée
Seigle fourrage	1 ha.	4 ha.
Trèfle incarnat	1 ha.	de maïs fourrage.
Hors-sole : Lotier corniculé	3 ha.	

Pourquoi avons-nous choisi ces plantes plutôt que d'autres, telles que la luzerne, le sainfoin, l'anthyllide vulnéraire ?

Dans ce choix, les diverses considérations suivantes nous ont guidés :

1° Le sol et le climat ;

2° L'expérience des cultivateurs voisins ;

3° Les spéculations poursuivies.

1° SOL ET CLIMAT

Nous aurions pu introduire la luzerne, mais que demande cette plante ? Elle veut un sol profond, calcaire, ce n'est donc pas le cas pour les terres de la ferme. Il ne s'agit pas de semer des graines ; le but essentiel de l'agriculteur est de les placer dans des conditions de végétation favorables, afin d'obtenir d'elles le rendement maximum.

ANTHYLLIDE VULNÉRAIRE ET SAINFOIN. — Ce sont des plantes qui, par leurs exigences au point de vue du climat et du sol, pourraient parfaitement nous fournir les fourrages dont nous avons besoin. Elles poussent favorablement dans les sols légers et siliceux du centre de la France. Bien que ces deux plantes ne soient pas cultivées en ce moment à la ferme, elles pourront y être introduites.

En effet, quand le trèfle ne donnera plus de bons résultats, qu'il sera lassé des terres de notre ferme, nous le remplacerons par ces deux plantes.

2° EXPÉRIENCE DES AGRICULTEURS VOISINS

Certains agriculteurs, fort soucieux des bons rendements, et cultivant très bien, ont fait des essais qui leur ont prouvé que pour notre sol limousin le trèfle restait la principale des légumineuses.

3° D'APRÈS LES SPÉCULATIONS POURSUIVIES

Parmi les plantes dont la culture était avantageuse sur les terres de la ferme, nous avons choisi celles qui, par leur valeur nutritive, répondaient le mieux aux besoins des spéculations entreprises.

Bovins. — Le trèfle violet comme fourrage sec, le trèfle incarnat et le maïs comme fourrages verts, sont de beaucoup préférables à tous les autres pour les animaux de la race bovine.

Ovins. — Nous avons cultivé des vesces, du seigle et du lotier corniculé. Ces plantes sont excellentes pour la race ovine. La vesce et le seigle-fourrage sont déjà connus en Limousin, mais le lotier corniculé, encore peu cultivé, est avantageux pour notre sol, comme nous le démontrerons plus loin.

Trèfle violet (4 ha.)

Place dans l'assolement. — Cette culture viendra dans notre assolement en cinquième sole ; c'est-à-dire après une avoine, qui aura succédé elle-même aux topinambours. Le trèfle défriché sera suivi d'un blé.

Engrais. — Avant la culture de topinambour, on chaulera, comme nous l'avons dit déjà. Notre sol contient peu de calcaire, le trèfle croît certainement dans un terrain assez pauvre en chaux, mais son rendement est considérablement augmenté par l'introduction de cet élément dans le sol.

De plus, nous rappelant la parole : « Qui chaule sans engrais, se ruine sans y penser », nous préférerons effectuer ce travail au moment où nous mettrons une forte dose d'éléments fertilisants réclamée par les topinambours.

Nous réduirons par le fait même les travaux, puisque mettant de plus fortes doses d'engrais, nous obtiendrons un sol riche qui sera capable de porter une culture d'avoine et de trèfle, presque sans y ajouter d'autres éléments fertilisants.

Cependant, que réclame une forte récolte de trèfle ?

Elle enlève au sol :

Azote	286 kgs
P^2O^5	46 kgs
K^2O	159 kgs
Ca O	209 kgs

Cette plante a donc besoin pour son développement d'engrais minéraux en assez grande quantité.

P^2O^5 sera fourni sous forme de scories : 300 kgs environ.

K^2O sera apporté par 400 kgs de sylvinite riche.

CaO existera dans le sol en quantité suffisante, grâce au chaulage effectué précédemment.

Des expériences intéressantes ont été faites dans la région sur cette plante.

Un agriculteur limousin a obtenu les résultats suivants :

Trèfle violet (rendement à l'ha. en foin sec)	
Sans engrais	4.800 kgs
Scories	6.545 kgs
Scories et nitrate	6.870 kgs

Cette expérience montre que l'apport d'acide phosphorique a donné de bons résultats. L'apport de nitrate ne détermine pas un accroissement de rendement assez important pour qu'on puisse recommander l'emploi de cet engrais. Sur un sol pauvre en potasse, il sera préférable d'y ajouter cet élément dont la plante fait un excellent usage.

Il ne faut pas négliger d'apporter CaO et P^2O^5 dans la culture de tous les fourrages, car ces deux éléments sont très importants pour le jeune bétail, puisqu'ils servent à la formation de leurs tissus osseux.

Semis et Graine. — Comme nous l'avons déjà dit, le trèfle sera semé dans l'avoine de printemps, au moyen du semoir en lignes. La graine sera livrée au sol dans les interlignes de l'avoine, afin que la légumineuse puisse croître facilement sans être gênée par la céréale. On prétend que les fourrages doivent être semés épais, c'est avec raison. Ceux-ci donnent alors des tiges plus grêles, moins ligneuses, donc plus nutritives pour le bétail ; en conséquence, nous sèmerons de 28 à 30 kgs de graines à l'hectare.

Semence. — Nous produirons à la ferme la graine de trèfle utile pour les semis de l'année suivante. Chaque année, nous consacrerons une partie du champ de trèfle à cette production. Cependant, si on était obligé de l'acheter, on ne manquerait pas d'examiner :

1° La faculté germinative qui doit atteindre 90 % si la graine est de l'année. Si la graine est de deux ans, cette faculté tombe vite à 60 % ; dans ce cas, il faudra donc n'acheter la graine qu'après essais de germination.

2° La pureté de la graine doit être de 96 %.

3° La présence de cuscute dans la graine de trèfle est facilement reconnue en mettant celle-ci dans l'eau. La graine de trèfle va au fond du récipient et la cuscute surnage.

Production de la graine. — Pour produire la graine utile à l'exploitation, nous faucherons avant la floraison la première coupe sur la parcelle du champ réservé à cet effet. Les pieds ne seront donc pas épuisés par la floraison de la première coupe, et sur la deuxième coupe seulement nous récolterons la graine de la façon indiquée précédemment.

Cuscute. — Comment empêcher la cuscute de s'introduire dans nos cultures ?

1° Par l'emploi de graines décuscutées.

2° Par l'utilisation, dans la sole topinambours, de fumiers faits avec de la paille et non avec des ajoncs, comme on le voit faire de nos jours à la ferme. En effet, les ajoncs portent souvent des filaments et des graines de cuscute qui, malgré leur passage à la fumière, ne perdent pas leur faculté germinative et poussent alors sur nos trèfles.

La présence de ce parasite, sur les trèfles, a certainement un gros désavantage, puisqu'il diminue fortement le rendement; mais les dommages causés sont moins importants que sur un fourrage bisannuel.

Donc, pour cette plante, nous n'utiliserons pas les moyens de destruction préconisés. On se servira surtout de remèdes préventifs, mais si la culture est atteinte, nous nous contenterons d'effectuer la récolte du fourrage après laquelle nous procéderons au défrichement de la plante en vue d'un semis de blé.

Soins de végétation. — Au printemps, on plâtrera le trèfle à raison de 300 kgs à l'hectare. Cet amendement sera enfoui par un hersage, opération qui aura pour but, en même temps, de faciliter la destruction des mauvaises herbes et le départ de la végétation. On fera suivre cette façon d'un roulage, pour écraser les mottes de terre et tasser les cailloux qui pourraient nuire aux faucheuses.

Fenaison. — Cette plante sera fanée et utilisée comme foin pour l'alimentation du bétail en hiver.

Il serait peut-être préférable de faire des moyettes. On obtiendrait ainsi un fourrage plus nutritif, puisqu'il perdrait moins de feuilles, mais ce mode de dessiccation demande beaucoup plus de main-d'œuvre. De plus, ayant à faucher des prairies naturelles, nous aurons des faneuses et râteaux-fanes pour effectuer la fenaison facile des graminées de ces champs.

Pour nous, il sera plus avantageux de récolter cette plante avec nos instruments que de faire des moyettes, car nous éviterons la grosse dépense de main-d'œuvre. D'ailleurs, les pertes subies par le fanage des fourrages ne nous semblent pas aussi élevées que le pense le propriétaire : en effet, la diminution de valeur du fourrage est contrebalancée par l'amélioration des terres sur lesquelles restent les débris du trèfle.

Seigle-fourrage (1 ha.)

En septembre, on labourera le chaume de blé. On procédera au semis du seigle à raison de 225 kgs à l'hectare. Celui-ci, poussant très tôt au printemps, fournira aux moutons un excellent fourrage.

Vesce (2 ha)

La vesce sera semée en deux fois. Un hectare sera semé fin septembre, afin d'obtenir un fourrage pour succéder au seigle vert et l'autre sera semé dès le mois de février-mars. On mettra pour cette plante 200 kgs de scories et 100 kgs de nitrate, afin de restituer au sol les éléments exportés par le pâturage des moutons, car cette plante, comme la précédente, sera pâturée par le troupeau. Les moutons seront parqués à raison de un mètre carré par bête ; leur parcage fournira au sol une fumure organique appréciable.

Trèfle incarnat (1 ha.)

Le semis en sera effectué dans les mêmes conditions que celui de la vesce. La même dose d'engrais sera employée. Cette plante sera fauchée pour être donnée aux bœufs et chevaux de travail.

CULTURE DEROBEE

Maïs-fourrage (4 ha.)

C'est un excellent fourrage, très cultivé dans la région. Il nous permettra de faire une culture dérobée dans la sole ayant produit seigle, vesce, trèfle incarnat. Le sol sera ainsi avantageusement occupé, en attendant les semailles d'avoine d'hiver. Ce fourrage nous sera très précieux à l'automne pour fournir un supplément de nourriture aux bovins dans des pâtures où l'herbe commence à diminuer.

Le semis aura lieu aussitôt que le sol sera libéré des cultures de seigle, vesce et trèfle incarnat. La culture sera sensiblement identique à celle qui se fait actuellement à la ferme.

Lotier corniculé (3 ha.)

Hors-sole. — Les raisons de la culture de cette plante sur les terres de la ferme sont les suivantes:

1° L'utilisation avantageuse par cette plante des sols de qualité moyenne, où d'autres légumineuses auraient peine à venir.

2° L'abondance de fourrage pour nos ovins.

3° Sa valeur nutritive : la composition du foin sec suit de très près la valeur alimentaire du trèfle, comme nous le montre le tableau suivant :

	LOTIER	TREFLE
	—	—
Eau	14	16,5
Matières azotées	15,7	13,5
Matières grasses	3,7	2,9
Hydrate de carbone	36,5	37,1
Cellulose	22 .	34
Matières minérales	8,1	6
Valeur amidon	33	31

INTÉRÊT DE CETTE CULTURE

Dans les bonnes terres, le lotier ne peut pas rivaliser avec le trèfle, mais pour les sols occupés autrefois par les châtaigneraies, donc de fertilité moyenne, nous pensons retirer de ce fourrage des produits avantageux. Cette plante croît dans tous les sols siliceux ou calcaires et convient aussi bien au fauchage qu'au pâturage. Elle n'occasionne pas la météorisation, et le fanage ne lui fait pas subir la perte de ses feuilles. De plus, le lotier a l'avantage de durer assez longtemps, ce qui est appréciable, sa graine coûtant assez cher.

Pour soutenir ses tiges, qui ont tendance à tomber, nous le sèmerons en mélange avec du fromental et du dactyle.

Une partie sera pâturée par les moutons avant la floraison, afin que ceux-ci ne soient pas incommodés par les fleurs jaunes de cette plante, qu'il ne consomment pas volontiers.

La deuxième partie sera fauchée, fanée et rentrée comme foin sec. Cette plante sera semée dans une terre qui, bien cultivée pendant trois ans, sera exempte de chiendent et de mauvaises herbes.

ENGRAIS. — On mettra en abondance P^2O^5 et K^2O, puisque ces éléments manquent au sol et qu'ils sont réclamés par cette plante. La dose d'engrais sera la suivante pour chaque année :

Scories	300 kgs
Sylvinite	200 kgs

Ces engrais seront semés en couverture, au printemps, et enfouis par un hersage, qui aura, en outre, pour effet d'ameublir la terre et de détruire les mauvaises herbes. La terre sera ensuite tassée par un roulage.

Ce fourrage, durant quinze ans au moins, est cultivé hors-sole. Quand on le défrichera, on en sèmera la même étendue sur un autre champ, et ce sol fertilisé par la légumineuse sera livré à la culture.

Nous ajouterons donc que cette plante, fort peu connue en Limousin, gagnerait à y être introduite et cultivée sur de plus vastes étendues.

Colza (4 ha.)

Le seul but suivant nous force à cultiver du colza : la sidération, c'est-à-dire pour l'enfouir comme plante verte. Cette culture sera faite en fin d'assolement, dans la huitième sole, après la récolte de l'avoine d'hiver. La céréale étant enlevée dès le mois de juillet, on pourra faire un déchaumage et semer la graine de colza à la volée sur la terre ainsi préparée. Cette plante pourra se développer durant l'été et l'automne. Elle aura pour effet de fixer l'azote nitrique dans les couches supérieures du sol et par son enfouissement d'augmenter l'humus dans la terre. Cette plante est très avantageuse parce qu'elle ne demande pas beaucoup de travail, donc n'occasionne pas de supplément de main-d'œuvre.

LA CULTURE DU COLZA POUR LA GRAINE

Jadis, la culture de cette plante donna de bons résultats en Limousin ; mais de nos jours, elle tend de plus en plus à disparaître, à cause du manque de main-d'œuvre. Pour permettre les binages faciles, il nous semble qu'il y aurait avantage à la semer au semoir en lignes. On pourrait ainsi passer la houe à cheval entre les lignes. Mais la récolte de la plante demande trop de main-d'œuvre pour qu'on puisse la généraliser. Pourtant, à notre époque où le moteur à huile végétale tend à se répandre, cette culture ne deviendra-t-elle pas intéressante à la ferme, afin de produire le combustible nécessaire à ces machines ? L'avenir nous renseignera sur l'utilité future de cette production.

d) **Prairies naturelles**

Le domaine de l'Ecubillon possède 20 hectares de prairies naturelles.

TRAITEMENT DES PRAIRIES NATURELLES
D'APRÈS LA SPÉCULATION BOVINE

N'ayant pas assez de fourrage pour nourrir les animaux durant l'hiver, nous serons obligés de faucher 15 hectares chaque année, tandis que 5 hectares seront pâturés.

POURQUOI AGIR AINSI ? — Parce que, ayant en vue une spéculation bovine nouvelle à la ferme de l'Ecubillon, nous n'y entretiendrons des animaux bovins que durant l'hiver pour les engraisser. L'été, ils seront à la ferme annexe de la Tamanie, où nous aurons 25 hectares de prairies naturelles.

SPÉCULATION BOVINE EN VUE. — Les agriculteurs du pays vendent les jeunes bovins à dix ou douze mois, parce que leurs fermes ne sont pas assez étendues pour nourrir tous les sujets d'élevage. Nous nous proposons donc d'acheter ces sujets à cet âge et de les conserver jusqu'à trente mois, époque à laquelle ils ont pris leur plein développement ; à ce moment, ils seront engraissés et vendus à la boucherie. Nous nous proposons donc d'avoir deux troupes d'animaux puisqu'on les élèvera pendant un an et demi.

Aussitôt l'achat, qui aura lieu en juillet-août, époque à laquelle le bétail abonde sur les marchés, ils seront conduits dans les pâtures de la Tamanie. A ce moment, les animaux ayant deux ans à deux ans et demi iront à la ferme de l'Ecubillon pour pâturer les deuxièmes coupes et regains des prairies artificielles et naturelles.

L'hiver, les animaux ayant quinze à dix-huit mois seront conservés à la Tamanie, et ceux ayant deux ans à deux ans et demi seront engraissés à l'Ecubillon et vendus. Donc, il nous faudra faucher et faire pâturer des prairies dans chacun de ces deux domaines.

Ayant chaque année le même nombre de bovins à nourrir dans les deux fermes durant l'hiver, nous faucherons la même étendue, soit 15 hectares. Les animaux ayant deux ans et demi mangent plus que ceux de dix-huit mois, mais le supplément de nourriture sera donné à ceux-ci par des tourteaux et des racines, puisqu'ils seront à l'auge.

Prairies de fauche (15 ha.)

Soins d'entretien. — Les prairies de fauche seront hersées et roulées, afin de détruire les mauvaises herbes et les mousses qui pourraient s'y trouver. Ces façons ne sont pas assez souvent effectuées en Limousin.

Engrais. — Nous mettrons sur ces prairies 500 kgs de scories à l'hectare, tous les deux ans ; de cette façon, le foin produit sera plus nutritif, puisqu'on restitue au sol ce qu'il a fourni.

Irrigation. — Les bassins d'irrigation et les rigoles seront entretenus ou aménagés là où ils n'existent pas. Ces moyens permettent d'utiliser sur nos prairies les eaux qui descendent des collines en emportant à la rivière une partie des engrais mis dans nos terres de culture.

Fenaison. — Le foin sera coupé à la faucheuse, fané à la faneuse et rentré en vrac à la ferme. Composé surtout de graminées, il pourra avantageusement être fané avec les machines, sans qu'on s'expose à avoir des pertes aussi considérables que pour les foins de légumineuses.

2e Coupe. — On fera une seule coupe sur les pâtures de la ferme. Au mois d'août, lorsque les deuxièmes coupes auront poussé, nous les ferons pâturer par les bovins de deux ans et demi qui seront soumis à l'engraissement pendant l'hiver suivant.

Pâturages (5 ha.)

Ces 5 hectares serviront à la nourriture des deux ou trois vaches laitières nécessaires à la production du lait utile à la ferme. Ces prairies seront utilisées pour faire reposer les bœufs de travail les dimanches et chaque nuit d'été. On prendra de préférence, pour cet usage, les pâtures situées autour de la ferme, car elles sont clôturées convenablement.

Les soins d'entretien seront les mêmes que pour les prairies de fauche. Nous aurons cependant, en plus, à faire faucher les « refus des animaux ». Ces herbes serviront de litière.

Purin. — Le purin qui, en général, de nos jours, est encore inégalement répandu, sera récupéré dans une fosse spéciale, puis répandu sur les prairies naturelles au moyen d'un tonneau. Il fournit un excellent engrais pour les prairies.

Plantes nuisibles. — Les genêts, ajoncs et bruyères, qui peuvent exister, seront arrachés.

Les mousses seront détruites par le hersage.

Le Rhinanthe, encore appelé *tartarie,* est, dit-on, « une plante qui mange le foin depuis le champ jusqu'au grenier ». Il abonde dans les prairies limousines. Cette plante se reproduit par graines qui, tombées à terre, germent comme celles des plantes non parasites. La plante vit donc des réserves de la graine ; elle se fixe ensuite sur les racines des graminées et devient parasite. Elle fait alors des dégâts considérables, parce qu'elle amène la disparition des bonnes espèces fourragères.

Cette plante fournit un fourrage grossier, très abondant, mais de médiocre valeur nutritive.

Pour détruire ce parasite, il faut opérer un fauchage hâtif avant la floraison de la plante : il n'y a pas formation de graine et la plante meurt. On peut encore faire pâturer les bovins dès qu'elle est levée, ils la mangent et, par le fait même, l'empêchent de monter à graine.

Exploitation des taillis

Cette exploitation est très bien conduite à tous les points de vue. Nous nous contenterons donc de la continuer plutôt que de chercher à la changer.

II. — ***Ferme de la Tamanie***

Nous avons fait de cette exploitation la ferme annexe du domaine de l'Ecubillon. Elle aura pour rôle de faciliter notre nouvelle spéculation bovine.

Est-elle aménagée pour cela ?

Elle comprend 10 hectares de prairies naturelles et nous allons en créer 15 hectares de plus. Les bâtiments sont bien compris et permettent d'abriter un nombreux bétail dans des étables bien disposées.

Pourquoi changer ainsi cette exploitation ?

De cette façon, nous réduisons la main-d'œuvre à sa plus simple expression ; ensuite, comme elle est distante de quelques kilomètres de la ferme de l'Ecubillon et que nous y entretiendrons des animaux en pâture, nous n'aurons pas besoin d'être constamment présent pour contrôler le travail des ouvriers.

La personne qui sera chargée de surveiller le bétail recevra un salaire fixe, auquel on ajoutera des primes basées sur l'augmentation en poids des animaux placés sous sa direction.

Traitement des prairies naturelles

Nous livrerons au pâturage, chaque année, 10 hectares de prairies naturelles. 15 hectares seront fauchés afin de nous fournir le foin nécessaire pour nourrir le bétail en hiver. Les 10 hectares serviront à l'alimentation du bétail jusqu'après la fenaison, époque à laquelle seulement, les animaux pâtureront dans les deuxièmes coupes des prairies fauchées. Les soins d'entretien de ces pâtures seront les mêmes qu'à la ferme de l'Ecubillon ; cependant, pour utiliser les fumiers produits par les animaux durant l'hiver, nous mettrons sur une partie de ces prairies, tous les ans, du fumier bien décomposé, et sur les autres des scories à la dose de 500 kgs tous les deux ans.

Création de 15 ha. de prairies naturelles

Les terres de la ferme de la Tamanie sont en ce moment bien cultivées et exemptes de mauvaises herbes. Notre tâche sera donc facilitée, puisqu'avant toute création de prairies naturelles il faut s'assurer un sol propre, permettant aux plantes fourragères de s'y développer convenablement.

Engrais. — En plus du chaulage, on mettra 500 kgs de scories et 100 kgs de nitrate. Ces engrais auront pour but d'activer la végétation de la céréale et de la jeune prairie.

Nous ne devrons pas exagérer la dose d'azote, notre sol ayant tendance à favoriser le développement des graminées au préjudice des légumineuses. Au contraire, les éléments phosphatés et potassiques favorisant la végétation des légumineuses, nous introduirons donc ces derniers le plus souvent possible dans nos prairies, car en activant la croissance de ces plantes, ils améliorent notablement la qualité du fourrage.

Comment effectuer le semis ? — Dans une terre nettoyée et bien préparée, nous effectuerons le semis des graines au printemps, en même temps que nous aurons semé une plante-abri, en général une avoine.

Par un labour, on pourra enfouir un chaulage ; après cette façon, on laissera un peu ressuyer le sol et, quelques jours après, on ameublira bien la terre par un passage de canadien et des hersages. Ces travaux préliminaires seront suivis du semis de la céréale de printemps et aussitôt après de celui du mélange suivant, bien adapté à notre région, pour la création des prairies naturelles :

Ray Grass Anglais......	10 kgs
Fétuque des prés	6 kgs
Paturin commun	6 kgs
Fléole	5 kgs
Houlque et Flouve.......	6 kgs
Trèfle violet	8 kgs
Trèfle blanc	7 kgs

Après le semis des graines, on procédera à un hersage et à un roulage, pour que toute la terre soit bien émiettée et ne gêne pas le fauchage, etc...

La première année, ces prairies seront fauchées une seule fois, afin de ne pas épuiser les jeunes plantes. Elles ne seront pas livrées au pâturage, parce que les animaux, en broutant l'herbe, pourraient l'arracher.

Les années suivantes, on pourra appliquer les méthodes d'exploitation envisagées, c'est-à-dire faucher la première coupe et faire pâturer la seconde. Nous établirons un assolement pour les prairies naturelles, en sorte que la partie fauchée une année soit livrée au pâturage l'année suivante. Nous arriverons ainsi à faucher nos prairies deux fois en cinq ans.

Autres cultures

Il reste à la ferme de la Tamanie :

1 hectare de culture, dans lequel les personnes chargées de garder le bétail pourront cultiver les légumes nécessaires à leur alimentation.

3 hectares de landes. Elles sont composées d'ajoncs, de genêts et de bruyères. Ne faisant pas de culture dans cette ferme, nous sommes obligés de les conserver afin d'obtenir la litière nécessaire au bétail pendant l'hiver.

Bois : 3 hectares. Ils sont peuplés des mêmes essences que ceux de l'Ecubillon. Nous continuerons à les traiter par les méthodes en vigueur qui, nous donnant actuellement toute satisfaction, ne semblent pas devoir être modifiées.

CHAPITRE IV

LE BÉTAIL

La transformation du mode d'exploitation et de l'assolement vont amener quelques changements dans les spéculations animales.

Quels animaux devons-nous avoir à la ferme ?

Ils sont de deux sortes :

1° Bétail de travail ;

2° Bétail de rente.

Les premiers devront être suffisants pour effectuer les travaux de la ferme. Le bétail de rente sera entretenu en vue d'une spéculation déterminée : la production de la viande, du lait ou de la laine, suivant les espèces.

I. — Bétail de travail

Pour effectuer les travaux de notre ferme, nous aurons des chevaux et des bœufs.

1. — Chevaux

Le manque de main-d'œuvre actuel nous force à employer des machines qu'il est difficile de faire traîner par des bœufs. Ce sont : la moissonneuse-lieuse, la houe à cheval, le semoir en lignes, le râteau-fane, la faneuse, etc...

Pour la conduite de ces instruments, nous prendrons comme moteurs des chevaux qui ont une allure plus rapide.

Choix d'une Race. — En pareille matière, notre choix sera guidé par l'expérience des cultivateurs de la région.

La race chevaline Limousine ne fournit pas de chevaux de culture. Les sujets sont trop légers et plus spécialement employés comme chevaux de selle ou de voiture. L'agriculteur a donc fait appel à un animal rustique et très connu : le cheval Breton, qui rend de très bons services et dont on est fort satisfait.

L'introduction de cette race sur notre sol granitique se justifie pleinement. Le cheval Breton, élevé sur une terre composée de roches primitives, ne trouve pas de gros changements en passant de sa région d'élevage dans la nôtre. Il y reçoit une nourriture à peu près semblable à celle qu'on lui distribuait. Le climat change un peu, il est moins brumeux et peut-être un peu plus chaud, mais, grâce à leur rusticité, les sujets en sont peu incommodés.

Si on les compare aux chevaux Boulonnais ou Percherons, qu'il nous est impossible d'amener en Limousin, ces sujets sont moins volumineux et peut-être moins forts. Ils ne sont pas à dédaigner pour cela, car nos terres légères ne réclament pas des attelages aussi puissants que les terres compactes.

Achat. — Il nous est facile de nous procurer ces animaux qui abondent sur les marchés de Châlus (30 septembre et 23 avril) et de Limoges (22 mai).

Nombre. — Nous avons deux ou trois chevaux seulement pour effectuer les travaux cités plus haut.

Spéculation. — Les poulains sont achetés à dix-huit mois, car, sur nos marchés, on ne les trouve guère avant cet âge. Ils seront dressés et livrés peu à peu au travail. Ils seront conservés jusqu'à complet épuisement. Il serait plus avantageux de vendre les chevaux à cinq ou six ans, époque à laquelle ils valent cher ; mais nous ne pouvons pas pratiquer cette spéculation. Ce n'est d'abord pas l'habitude dans la région, les chevaux de culture étant peu employés. Le propriétaire qui possède un bon cheval le conserve le plus longtemps possible. Il serait peut-être possible de les écouler aux industriels de Limoges ou de la vallée de la Vienne, mais ceux-ci préfèrent employer les camions ou tracteurs que de se servir de chevaux.

D'ailleurs, le propriétaire n'a pas toujours avantage à vendre un cheval à cinq ou six ans, car c'est à cet âge que l'animal fournit son meilleur travail. Il nous serait donc à peu près impossible de pratiquer cette spéculation ; nous devrons utiliser les chevaux jusqu'au moment où, complètement usés, ils seront vendus à la boucherie.

Ration. — La ration des chevaux variera avec la tâche fournie. Pour un travail moyen, comme celui qu'ils devront accomplir à la ferme, nous estimons que la ration suivante est convenable :

Foin	7 kgs 500
Paille	5 kgs
Avoine	7 kgs

L'avoine aplatie est plus facile à digérer et mieux assimilée par les animaux. Cette ration est constituée par des aliments échauffants ; pour rafraîchir l'animal, on donnera en hiver un peu de betteraves. Au printemps, une partie de la ration de foin sera remplacée par du trèfle incarnat.

Travail. — Les chevaux seront utilisés le plus souvent possible, parce qu'un cheval qui ne travaille pas est non seulement une dépense sans recettes pour le propriétaire, mais un capital qui peut se dégrader.

II. — **Bœufs**

Nombre et Race. — Nous aurons six bœufs de race Limousine. Ces animaux fourniront du travail pendant trois ans ; ils seront ensuite engraissés et vendus à la boucherie.

Pourquoi préférer le travail des bœufs à celui des vaches ? — La vache Limousine, si estimée pour les façons culturales de la ferme exploitée par métayage, ne sera pas employée dans notre exploitation. Les raisons suivantes nous y obligent :

1° Il nous faut des bœufs solides pour faire les labours à la charrue brabant qui, travaillant plus profondément le sol, demande de plus forts attelages.

2° La vache doit élever son veau ; si on veut qu'elle lui fournisse assez de lait, il ne faudra pas l'employer au travail toute la journée, d'où nécessité d'un plus grand nombre de bêtes.

3° Les bœufs pourront travailler toute la journée, afin que le bouvier soit occupé le plus longtemps possible.

Spéculation. — Chaque année, on réformera une paire de bœufs qui sera remplacée par deux jeunes bœufs de trois ans. Les premiers seront engraïssés à l'auge pendant l'hiver et vendus ensuite. Les deux bœufs de remplacement seront pris dans la troupe de jeunes bovins dont nous allons parler plus loin.

Ils seront habitués peu à peu au travail ; d'abord légèrement, pendant le premier hiver, et ensuite mis avec les autres.

Ration. — La nourriture des bœufs de travail devra être abondante pour trois raisons :

1° Pour leur donner l'énergie nécessaire demandée par le travail ;

2° Afin d'obtenir un bon développement, qualité essentielle du bœuf à engraisser ;

3° Afin qu'ils soient toujours en bon état, ce que l'on ne saurait trop rechercher pour obtenir un engraissement rapide.

En hiver, nous donnerons :

Par bœuf et par jour :

Foin	10 kgs
Paille	5 kgs
Topinambours	20 kgs

L'été. — Au printemps, les animaux seront nourris avec du trèfle incarnat. Pendant l'été, les bœufs seront mis en pâture pendant la nuit. A midi, au moment du repos des ouvriers, on leur donnera 4 à 5 kgs d'avoine ou du tourteau, pendant l'époque des gros travaux.

Ils seront mis à l'herbage aussi du samedi soir au lundi matin et tous les jours où ils ne seront pas utilisés pour le travail.

Travail. — Les bœufs, à allure plus lente, mais aussi plus forts et gardés moins longtemps à la ferme que les chevaux, effectueront les travaux les plus pénibles. Ce seront en général les préparations du sol pour les semis divers (labours, hersages), les charrois (fumier, betteraves, foin et céréales).

Réforme. — Ces animaux seront réformés après trois années de service. Ils seront âgés de six ans environ. Cette époque est la meilleure pour la vente de nos bœufs de travail parce que :

1° Après cet âge, le bœuf n'augmente plus, ni en poids, ni en qualité ;

2° Si on le conserve plus longtemps, il faut compter un amortissement.

L'engraissement sera fait de la même façon et avec les mêmes produits que ceux employés de nos jours. Il durera en moyenne 100 jours ; à la fin de cette période, les sujets seront vendus à la boucherie.

Cependant, certaines années, nous pourrons peut-être vendre nos bœufs réformés comme bœufs de travail, pour les raisons suivantes :

1° S'ils ne sont pas de première utilité pour les travaux d'automne ;

2° Si les cours de ces animaux sont élevés ;

3° Si les aliments sont rares et que la ferme possède un nombreux bétail.

II. — **Bétail de rente**

Il sera composé :

1° D'une troupe de bovins ;

2° D'un troupeau de moutons ;

3° D'un certain nombre de porcs.

1° *Spéculation bovine*

a) Vaches laitières

La vache Limousine est une mauvaise laitière ; aussi, pour obtenir le lait, produit toujours nécessaire à la ferme, les cultivateurs ont fait appel à des animaux soit de race Bretonne, soit de race Parthenaise, soit enfin de race Normande. Certains petits cultivateurs préfèrent la vache Bretonne, qui réclame une nourriture moins abondante ; d'autres préfèrent la Parthenaise, animal plus fort, qui peut, en même temps, fournir un travail léger. La vache Normande est, en général, adoptée dans les domaines des métayers ou dans les fermes plus étendues ; elle y reçoit une abondante nourriture, le but essentiel de son entretien est la production du lait, complétée par celle du veau blanc pour la boucherie.

Choix d'une race. — Les merveilleux résultats fournis actuellement par les vaches Normandes amenées en Limousin pour la production laitière nous font préférer cette race. Les animaux Parthenais et Bretons produisent un lait d'excellente qualité, mais dont la quantité est insuffisante. Les vaches Hollandaises sont très appréciées par les cultivateurs qui vendent le lait en nature, mais pour notre exploitation, ces animaux ne peuvent pas remplacer les animaux normands qui fournissent à la fois un lait riche et en quantité suffisante. De plus, saillies par des taureaux Limousins, les vaches Normandes donnent des veaux blancs merveilleux, qui sont doués en général de la précocité de la race Limousine et de la blancheur de chair du veau Normand.

Utilisation du lait. — Le lait sera employé pour les besoins de la maison du propriétaire. Une partie sera vendue aux ouvriers de l'exploitation à un prix très réduit ; ceux-ci ont souvent des enfants ou des malades ; dans ce cas, le propriétaire peut s'attacher son personnel en lui livrant du lait de bonne qualité à un prix avantageux.

Achat. — Sur tous les marchés de la région, il est facile de se procurer des vaches laitières. Pour la spéculation proposée, nous achèterons des vaches Normandes pleines du premier veau. En général, on les trouve aisément sur le marché quand elles sont à leur huitième mois de gestation.

POURQUOI PRÉFÉRER CES ANIMAUX ?

1° Ces sujets n'ont pas encore été expérimentés et très souvent l'éleveur normand vend ses génisses à cet âge parce qu'il possède de bonnes vaches laitières qu'il ne veut pas encore réformer. Nous ne pouvons pas généraliser sur la qualité des animaux ainsi vendus et dire qu'ils donnent toujours satisfaction, cependant les mécomptes sont moins fréquents.

2° Les vaches ayant déjà mis bas plusieurs fois se prêtent davantage aux ruses des marchands.

3° A l'âge de cinq ou six ans, une bonne vache Normande est achetée plutôt par un laitier des environs de Paris ou des grosses agglomérations. Ceux-ci peuvent les payer plus cher, puisqu'ils vendent leur lait à meilleur compte. Il est donc très rare qu'elles arrivent jusque dans nos contrées un peu reculées.

4° Les marchands de bestiaux possèdent aussi des vaches fraîchement vêlées, qu'ils vendent avec leur jeune veau. Celles-ci présentent les inconvénients suivants :

a) Elles ont été mal soignées au vêlage, qui se fait quelquefois en wagon, au moment du départ ;

b) Les veaux en général sont nourris avec des succédanés du lait pour que la vache présente à la vente un plus beau pis. Quelquefois, ces jeunes animaux ainsi mal soignés ont la diarrhée et meurent au bout de quatre ou cinq jours. Même avec de grands soins, il est difficile de les guérir.

c) Si le jeune veau est mort, il a été remplacé par un autre, mais très souvent la mère ne veut pas donner à téter à ce dernier.

d) Très souvent aussi, le courtier en vaches laitières possède des animaux âgés de cinq ou six ans, ayant été déjà éprouvés par des cultivateurs. Ces derniers les ont revendus parce qu'ils n'en étaient pas satisfaits, soit par suite d'une lactation mauvaise, soit à cause d'une mise-bas défectueuse ou d'un élevage difficile du jeune veau.

Ces raisons multiples nous feront donc acheter de préférence des génisses pleines de leur premier veau. Achetées au huitième mois de gestation, elles seront peu incommodées par le voyage et disposeront, avant le vêlage, d'un temps suffisant pour se reposer des fatigues que celui-ci aurait pu leur causer.

EXAMEN DE L'ANIMAL A L'ACHAT

1° Visiter la dentition pour voir si la bête présentée est bien à son premier vêlage. A cet âge, les sujets ont en général deux dents de remplacement.

2° Examiner l'état de santé et la conformation du sujet.

3° Examiner les caractères laitiers qui sont :

Caractères de féminité assez prononcés ;
Tête, encolure et cornes fines, oreilles jaunes (signe beurrier) ;
Caractéristiques de l'écusson, du pis et des fontaines supérieures et inférieures.

Spéculation. — Les vaches achetées à leur premier veau seront gardées jusqu'à l'âge de dix à onze ans. Nous ne les vendrons pas à cinq ou six ans, comme on le fait dans certaines fermes, ce serait une erreur profonde :

1° Les sujets, à cet âge, donnent le maximum de lait.

2° Les débouchés sont difficiles, car les marchands importent des bêtes laitières, mais n'en exportent pas.

3° Il serait difficile de les écouler en Limousin, car les cultivateurs se méfient des sujets vendus à cet âge. Ils ne les payeraient donc pas leur valeur réelle. Au moment de la réforme, les vaches seront engraissées et livrées à la boucherie. La ration d'engraissement sera identique à celle que l'on donne de nos jours aux vaches Limousines engraissées à l'auge.

Ration. — *L'hiver,* on donne à chaque vache laitière la ration suivante :

Foin de trèfle	10 kgs
Raves, betteraves	30 kgs
Paille	5 kgs

Eté. — Au printemps, on fera consommer le trèfle incarnat et en été les vaches seront mises en pâture ; si la nourriture n'est pas assez abondante en fin de saison, on pourra donner un supplément (maïs-fourrage, par exemple).

Veaux. — Les vaches Normandes ainsi entretenues seront saillies par des taureaux Limousins. Les produits obtenus seront tous livrés à la boucherie. Ils seront nourris uniquement au lait maternel pendant deux mois, en général. A cet âge, leur poids moyen varie entre 110 et 130 kgs.

Les femelles issues de croisement semblable ne seront pas conservées pour la production laitière, de peur qu'elles ne possèdent les médiocres caractères laitiers de la race Limousine.

b) Spéculation sur les jeunes bovins

Notre ferme ainsi transformée ne possédera pas de vacherie d'élevage ; pour la remplacer, nous entreprendrons une spéculation sur les jeunes bovins. Cette dernière nous paraît plus avantageuse pour les raisons suivantes :

On peut faire de l'élevage dans les fermes exploitées par métayage où la vache élève en même temps son veau et exécute les légers travaux du domaine.

Mais puisque nous aurons des bœufs et des chevaux spécialement employés à la production du travail, il serait trop coûteux d'entretenir une vache pour en obtenir simplement le veau.

Notre nouvelle spéculation sera donc la suivante : acheter des animaux pour l'engraissement. Mais quels bovins devons-nous acheter ?

1° *Des vaches réformées.* — Cette spéculation est trop aléatoire. Les vaches maigres que l'on peut ainsi acheter sur les marchés limousins sont fatigués par un travail supérieur à leur puissance. Leur engraissement est difficile et peut rémunérateur. Quelquefois, ces vaches sont pleines de trois ou quatre mois ; seulement il est alors difficile de reconnaître cet état de gestation au moment de l'achat. On commence l'engraissement et la mise-bas survient. Il faut alors renoncer à la vente de ces animaux, qui seraient dépréciés par les bouchers. On est obligé de conserver la mère et le veau toute l'année pour reprendre l'engraissement l'année suivante.

2° *Des bœufs.* — Les bœufs achetés sur le marché pour l'engraissement peuvent être rangés en deux catégories : les bœufs achetés au mois d'août et de septembre et ceux achetés en novembre-décembre.

Les premiers, en général, sont en bon état, mais ils coûtent aussi cher que les bœufs gras. Seule leur augmentation de poids est le bénéfice de l'engraisseur. Il est souvent médiocre.

Dans le deuxième cas, les bœufs coûtent moins cher, mais ils ont fait tous les travaux d'automne, ils sont en mauvais état, il faut souvent leur distribuer une forte ration pendant un mois et même plus avant qu'une amélioration sensible de l'état de l'animal se fasse remarquer. L'engraissement, quoique plus long, laisse des bénéfices un peu plus élevés qu'avec les premiers bœufs.

Enfin, ces spéculations ne sont pas régulières. Elles dépendent surtout des conditions d'achat et de vente des sujets. Le plus souvent, les bénéfices réels sont fournis lorsque, à l'époque de l'achat, les cours sont faibles, alors qu'ils montent au moment de la vente. Quelquefois, le contraire se produit et ce sont alors de véritables pertes pour les engraisseurs.

LES JEUNES BOVINS

La spéculation sur les jeunes bovins paraît fondée sur des bases plus sérieuses. Notre intention sera d'acheter des sujets de dix, douze mois et de les garder jusqu'à l'âge de trente mois. Avec cette spéculation, on conservera plus longtemps les animaux, nous dira-t-on. Mais aussi, ils augmentent à la fois en taille et en poids, donc prennent plus de valeur pour le propriétaire. Leur entretien sera facile dans les prairies pendant l'été et, le premier hiver, on les nourrira à l'étable avec du foin. Le deuxième hiver, seulement, nous procéderons à l'engraissement à l'étable.

Achat. — Les métayers et les petits propriétaires ne possèdent pas de fermes assez étendues pour conserver tous leurs animaux d'élevage qu'ils vendent en général à dix ou douze mois. Il nous sera très facile d'acheter des animaux à cet âge-là.

L'achat de ces animaux se fera en juillet-août, époque à laquelle les jeunes bovins abondent dans les foires. Cette époque sera encore la plus pratique pour nous, parce que les regains auront déjà poussé dans les prairies de fauche ; la nourriture de ces bêtes sera donc facile.

Qualité à rechercher au moment de l'achat. — On devra porter son attention sur les points suivants :

1° L'état de santé de l'animal ;

2° La conformation générale du sujet, au point de vue de la taille, des membres ;

3° Les signes dénotant l'aptitude à l'engraissement (cuir fin) et à la production d'une plus grande quantité de viande de première et deuxième qualités.

Il ne faut pas acheter des sujets d'une maigreur extrême ou mal conformés. L'acquisition de ces bêtes, même à bas prix, revient souvent trop cher, parce qu'ils ne présentent pas les mêmes qualités à la vente et qu'ils sont très longs à engraisser.

PRATIQUE DE LA SPÉCULATION

Les animaux achetés en juillet-août seront conduits à la ferme de la Tamanie, où on les mettra en pâture jusqu'au début de novembre. A cette époque, ils seront rentrés à l'étable et entretenus avec le foin récolté sur les prairies naturelles. La ration sera d'environ 15 kgs par animal et par jour. Au printemps suivant, ils seront mis en pâture à la Tamanie ; jusqu'au mois d'août, époque à laquelle ils seront conduits à la ferme de l'Ecubillon, où ils pâtureront alors les regains des prairies naturelles. Fin septembre, on procédera à une sélection. D'après leur état de graisse, les animaux seront classés en deux groupes. Les meilleurs seront rentrés et mis à l'auge pour achever leur engraissement. Celui-ci prendra fin en décembre. La ration de ces animaux sera composée ainsi :

Foin	6 kgs
Raves et betteraves......	35 kgs
Tourteau de colza.......	1 kgs

Après la vente de ces animaux, aura lieu l'engraissement du deuxième lot. Les animaux seront rentrés de la pâture à la mi-novembre et maintenus en chair par une ration abondante.

Leur engraissement débutera en janvier avec la ration suivante :

Foin	6 kgs
Topinambours	20 kgs
Betteraves	15 kgs
Tourteau de colza.......	1 kgs

Ces animaux seront vendus au mois d'avril.

VENTE

Les animaux de cette catégorie trouveront des débouchés avantageux sur les marchés de Lyon et Saint-Etienne, où ils sont plus appréciés qu'à la Villette ; à ce dernier marché, on préfère la viande d'animaux plus âgés.

2° *Elevage des moutons*

Sans procéder à des changements aussi importants que pour la spéculation bovine, la conduite du troupeau d'ovins réclame quelques transformations.

BUT PROPOSÉ. — Les buts que nous nous proposons d'atteindre sont les suivants :

1° Augmenter le nombre de brebis mères ;

2° Vendre les agneaux blancs à six ou sept mois.

1° AUGMENTER LE NOMBRE DES BREBIS MÈRES

Les troupeaux d'ovins actuellement entretenus dans les deux métairies forment le total suivant :

Béliers	2
Brebis	43
Antenaises	9
Agneaux	37

Nous voulons obtenir comme noyau du troupeau 100 brebis mères. Voici les raisons qui nous déterminent :

1° Le troupeau actuel n'est pas assez important pour occuper avantageusement une personne ;

2° De plus, nous avons assez de nourriture à la ferme pour entretenir un tel lot.

Pour obtenir le nombre de brebis cité plus haut, nous opérerons comme il suit :

1° Au début, c'est-à-dire durant les premières années de la reprise de la ferme, on restreindra le nombre des brebis mères réformées. On les conservera un ou deux ans de plus.

2° Toutes les agnelles de l'année seront conservées. On se bornera à vendre les sujets trop mal conformés.

3° On achètera un lot de jeunes agnelles âgées de dix à douze mois ou de dix-huit à vingt mois, comme on en trouve souvent dans les foires de la région.

Spéculation proposée. — Une fois le troupeau normalement constitué, il comprendra :

100 brebis mères.
25 agnelles de 18 mois.
25 agnelles de l'année.
2 béliers.

Les antenaises seront mises au bélier à dix-huit mois, et les brebis réformées, à raison de vingt-cinq par an. Elles produiront donc quatre agneaux durant leur séjour à la ferme.

2° VENTE DES AGNEAUX BLANCS

Notre spéculation sur le troupeau sera la vente des agneaux blancs à cinq ou six mois. De nos jours, les agneaux mâles sont vendus à douze mois, en général, mais nous trouvons cette spéculation peu favorable.

Le cultivateur, en effet, n'a-t-il pas avantage à faire l'engraissement de ses agneaux pendant l'allaitement; avec un léger supplément d'aliments concentrés, ces jeunes sujets sont vite prêts à la vente et sans grosses dépenses.

Quand ils sont de bonne qualité, ces animaux se vendent beaucoup plus cher au kilo, ce qui compense pour l'agriculteur le manque de poids des sujets à cet âge-là.

Cette spéculation est nettement supérieure à celle qui consiste à conserver les moutons pendant un an ou même davantage. Durant cette période, il faut donner au sujet une nourriture abondante, qui est payée médiocrement d'ailleurs par la toison, un léger accroissement en poids et le fumier. En vendant les agneaux blancs, l'éleveur peut obtenir les mêmes quantités de laine et de fumier ; il lui est facile, en effet, d'augmenter le nombre des brebis mères auxquelles il pourra donner la nourriture jadis distribuée aux antenais. Celles-ci auront en plus l'énorme avantage de fournir chaque année un agneau.

POSSÉDONS-NOUS DES ANIMAUX ADAPTÉS A LA SPÉCULATION ENVISAGÉE ?

Les brebis actuellement entretenues à la ferme sont douées d'une précocité moyenne. Elles possèdent encore la rusticité de la race Limousine. A la ferme même, on n'a pas essayé les croisements industriels très préconisés actuellement pour la brebis Limousine. Ce sont les croisements Southdown-Limousin et Charmoise-Limousin. Les expériences ainsi faites ont été concluantes et ont donné d'excellents résultats.

Ces deux races améliorantes présentent à peu près les mêmes avantages en ce qui concerne le poids du sujet, le rendement en viande, la précocité. Cependant, pour ces croisements industriels, l'agriculteur limousin préfère le bélier Southdown, qui est meilleur géniteur et plus prolifique.

Dans une ferme située dans le canton de Saint-Laurent-sur-Gorre, le croisement Southdown-Limousin a donné des produits excellents.

Par le croisement Limousin-Berrichon, les agneaux gardés jusqu'à deux ans arrivaient péniblement à peser 40 à 45 kgs, après engraissement. De nos jours, grâce à l'introduction de béliers Southdown dans le troupeau, on obtient des agneaux de 35 à 40 kgs à six mois. Cet exemple est assez concluant pour retenir notre attention, et nous indiquer la voie à suivre.

CONDUITE DU TROUPEAU. — La lutte sera faite en juillet-août, afin d'obtenir l'agnelage en décembre-janvier. A cette époque, le troupeau est en effet nourri à la bergerie, par suite du mauvais temps et d'une nourriture rare dans les champs ; c'est aussi une époque favorable correspondant bien avec la vente de nos agneaux qui aura lieu fin mai ou début de juin.

Tonte. — Elle sera faite à la même date que de nos jours. Mais tous les animaux livrés à la boucherie seront tondus, opération que l'on ne pratique jamais de nos jours dans le pays. C'est une perte pour l'éleveur. En effet :

1° Les animaux vendus recouverts de leur laine ne sont pas davantage appréciés par les bouchers;

2° Si les animaux sont vendus au poids, la laine valant beaucoup plus cher que la viande est cependant vendue au même prix ;

3° Les animaux tondus engraissent plus rapidement.

Castration. — Nos agneaux mâles vendus à six mois ne seront pas castrés. Ce serait une opération inutile puisqu'ils ne seront pas avec les brebis mères à l'époque de la lutte. Certains prétendent aussi que les agneaux non castrés engraissent plus facilement.

Alimentation. — *a*) Des brebis-mères en hiver :

Foin	1 kg.
Betteraves	4 kgs
Tourteau de lin......	0 kg. 200
Paille à discrétion.	

(par animal et par jour)

En été, les animaux pâtureront successivement le seigle, une partie du lotier corniculé, les vesces, les chaumes, les collets de betteraves, les regains de prairies naturelles (après les bovins).

b) *Béliers.* — Les béliers recevront la même nourriture que les brebis mères, mais à l'époque de la monte, on leur donnera 2 à 3 litres d'avoine par animal et par jour.

c) *Antenaises.* — *L'été,* même nourriture que le reste du troupeau.

L'hiver :

Foin .... 2 kgs
Betteraves .... 2 kgs
Paille à discrétion.

(par animal et par jour)

d) *Agneaux :*

Lait maternel.
Regain de trèfle...... 0 kg. 500
Betteraves (de 0 kg. 500 au début à 2 kgs 500 en fin d'engraissement)
Son .... 0 kg. 500

Les agneaux d'élevage ne recevront pas de son dans leur ration.

Vente. — Chaque année, on vendra : 25 brebis mères réformées. Pour les agneaux de l'année, comptons seulement 80 % de réussite et, dans ce nombre, en admettant qu'il y ait à peu près

40 mâles et 40 femelles, nous pourrons livrer à la vente :

40 mâles,

15 femelles seulement.

Les 25 meilleures seront conservées pour remplacer les 25 brebis réformées.

Engraissement des Brebis réformées. — Après le sevrage des agneaux, c'est-à-dire fin avril, les brebis mères seront engraissées. Cette époque est tout à fait favorable, parce qu'à ce moment, pour se remettre des fatigues de l'allaitement, elles sont très voraces et transforment ainsi rapidement en viande la nourriture abondamment distribuée.

L'engraissement sera mixte : les brebis destinées à la vente seront mises pendant la journée dans une prairie naturelle bien pourvue d'herbe Le soir venu, elles seront rentrées à la bergerie, où elles recevront :

Foin .... 1 kg.
Son ou tourteau ...... 0 kg. 500
(par bête et par jour)

3° *Porcherie*

A la ferme limousine, la spéculation sur les porcs est très aléatoire. Elle fournit des bénéfices très variables, qui subissent plus ou moins l'influence des cours du marché.

Pour que la spéculation porcine soit une véritable source de profits, il faut se trouver dans des milieux favorables.

Certaines fermes à proximité des villes peuvent obtenir des eaux grasses ou des résidus très nutritifs et qui fournissent une ration économique.

Les laiteries peuvent posséder des porcheries annexées à leurs usines, car les porcins sont des animaux merveilleusement doués pour transformer en viande les sous-produits de l'industrie fromagère ou beurrière.

Jadis, en Limousin, les porcs étaient nourris avec des pommes de terre ; de nos jours, le cultivateur a reconnu que la vente en nature des tubercules fournit de meilleurs bénéfices. Il a donc abandonné ou diminué beaucoup l'élevage du porc.

Dans notre ferme, nous ne voulons pas supprimer totalement l'élevage du porc ; nous estimons que ce serait une erreur profonde, car à la ferme il y a toujours des résidus divers dont le porc fait un merveilleux usage pour son alimentation.

Spéculation. — Nous nous proposons d'avoir une seule truie, à laquelle nous ferons effectuer deux portées par an. Les porcelets ne seront pas vendus à deux mois et demi comme de nos jours : nous les éléverons et les engraisserons à la ferme.

Nourriture. — *Truie.* — *En été :*

Trèfle, résidus du jardin.

En hiver :

Pommes de terre cuites.	4 kgs
Raves	4 kgs
Son	0 kg. 500

Porc à l'engrais :

Pommes de terre.........	4 kgs
Raves	4 kgs
Farines diverses	0 kg. 500
Son	0 kg. 500

Les porcelets seront engraissés le plus rapidement possible ; ils seront vendus vers l'âge de dix mois, ordinairement quand ils pèseront 100 kgs.

CHAPITRE V

TRANSFORMATIONS DIVERSES

1. — Personnel

En général, les ouvriers reçoivent un salaire fixe. De nos jours, on est obligé d'intéresser de plus en plus l'ouvrier à son travail. Il a souvent de la répugnance pour celui-ci, et la distribution des primes est le seul moyen de le lui faire aimer. Les primes, pour les travaux des champs, seront basées sur la quantité et la qualité du travail effectué.

Les personnes chargées de la spéculation bovine, aussi bien pour l'élevage au domaine de la Tamanie, que pour l'engraissement à la ferme de l'Ecubillon, recevront des primes basées sur l'augmentation de poids des animaux.

Le berger recevra des primes : à la tonte, au sevrage et à la vente des sujets.

Le personnel sera logé dans les maisons des métayers. Etant données leurs exigences au point de vue de la nourriture, aucun ouvrier ne sera nourri.

On mettra à leur disposition un jardin où ils pourront cultiver des légumes. D'autre part, à la ferme, ils auront la possibilité de se procurer du lait à un prix tout à fait minime.

II. — **L'électricité**

L'installation de l'électricité au domaine de l'Ecubillon rendrait de réels services, aussi bien pour l'éclairage que pour la force motrice. Actuellement, le courant électrique offre aux exploitations rurales la force motrice et l'éclairage à un prix avantageux qu'on ne pourrait obtenir même avec des moteurs à gaz pauvre.

La ferme est assez bien placée pour que l'installation électrique y soit possible. En effet, la ligne des tramways électriques de la Haute-Vienne fournit le courant à la bourgade d'Oradour-sur-Vayres ; il sera donc relativement facile de le conduire à la ferme de l'Ecubillon.

Ce serait très avantageux pour l'exploitation où l'on obtiendrait un excellent éclairage. La force motrice est peu nécessaire avec le mode d'exploitation actuel ; aussi n'y a-t-il aucun moteur. Mais dans notre nouveau genre d'exploitation, nous ne pourrons pas éviter l'établissement d'une salle de rations. Celle-ci est réclamée pour la préparation des aliments que, l'hiver, il nous faudra distribuer en assez grande quantité.

La force motrice pourra être aussi employée pour actionner les appareils du grenier (trieurs, concasseurs, etc.).

III. — **Procédés de culture moderne**

L'emploi des procédés modernes pour le labourage à vapeur ou électrique est impossible à réaliser dans nos régions, où la propriété est trop morcelée. Ces méthodes sont trop perfectionnées et ne peuvent être employés avantageusement qu'en grande culture.

Les tracteurs, cependant, peuvent rendre de grands services, et certains agriculteurs de la région en sont très satisfaits. Mais pour nos régions, nous sommes obligés de choisir des petits tracteurs maniables sans difficultés, et d'un entretien facile.

S'il nous fallait acheter une de ces machines, nous préférerions le « Case » ou le « Fordson », qui sont au nombre des appareils répondant le mieux aux exigences de nos exploitations.

IV. — **Amélioration de l'installation intérieure et du matériel**

1° *Bâtiments.* — L'état actuel des bâtiments exige peu de modifications. La principale, cependant, sera l'installation d'une fumière et d'une fosse à purin.

La première permet une meilleure décomposition des fumiers ; la seconde a l'avantage de récupérer le purin, engrais si précieux pour les prairies. Cette fosse pourra, en même temps, améliorer l'hygiène et la propreté des étables.

2° *Matériel.* — Le matériel de la salle des rations sera complété par un laveur de topinambours, des brise-tourteaux. Ceux-ci, actionnés par le courant électrique, seront de grande utilité pour la préparation des rations.

Nous avons déjà parlé de l'achat de brabants, semoirs, lieuses, etc... ; il est inutile d'y revenir ici.

L'introduction du tonneau à purin favoriserait le transport des urines dans les prairies. Il trouverait aussi un emploi dans la destruction des mauvaises herbes.

V. — Vente du bétail

Le seul mode préconisé de nos jours, en Haute-Vienne, est la vente des animaux à la foire. Ce procédé présente certains désavantages : perte de temps pour les ouvriers, fatigue pour les animaux, donc diminution de poids. Certains agriculteurs préfèrent, et avec raison, la vente à l'étable, qui n'offre pas tous ces inconvénients.

Au domaine de l'Ecubillon, nous utiliserons deux modes de vente :

1° Les animaux qui se présenteront en lots assez homogènes et assez abondants seront envoyés à des courtiers spéciaux qui se chargeront de leur vente sur les différents marchés (La Villette, Lyon, etc.).

Les lots peu abondants seront vendus à l'étable.

Bien que le métayer se soit formellement opposé à la vente mutuelle des animaux, il nous semble que ce mode pourrait être préconisé dans notre région, où l'élevage est très prospère. Il est, en effet, facile de remarquer que les marchands de bestiaux allant de foire en foire font des bénéfices énormes aux dépens de l'éleveur et du consommateur.

CONCLUSION

Au cours de notre étude, nous avons examiné tout d'abord l'état actuel du métayage. Malgré certains vices connus, ce mode d'exploitation aurait encore subsisté de nombreuses années sur notre terre limousine où il a été si longtemps en honneur. Mais la crise de main-d'œuvre agricole, trop connue de nos jours en France, étant survenue dans les familles de nos métayers, certains propriétaires se sont vus dans l'impossibilité de remplacer les colons qui partaient.

Bien que les métayers n'aient encore jamais fait défaut aux domaines de l'Ecubillon et de la Tamanie, cette pénurie ne pourrait-elle pas se faire sentir d'ici quelques années ? Aussi avons-nous eu à cœur, au cours de cette étude, d'établir un projet d'exploitation, que l'on mettrait à exécution dans le cas où les métayers viendraient à quitter leurs exploitations actuelles.

Le nouveau mode d'exploitation contient vraisemblablement des lacunes ou des erreurs dont notre inexpérience des choses agricoles est la cause. Mais la mise en application de ce projet, que nous ferons avec prudence, ne tardera pas à nous démontrer les défauts de certaines méthodes, préconisées à tort.

Nous ne voudrions pas terminer ce travail sans remercier nos chers maîtres de leur dévouement et des renseignements qu'ils nous ont prodigués sans cesse durant notre séjour à l'Institut.

Nous sommes heureux d'exprimer aussi notre gratitude à toutes les personnes qui ont bien voulu nous faciliter l'exécution du travail que nous présentons aujourd'hui à l'examen de Messieurs les Délégués de la Société des Agriculteurs de France, et pour lequel nous sollicitons toute leur indulgence.

F. Morgat.

TABLE DES MATIÈRES

TROISIEME PARTIE

Si j'étais agriculteur au domaine de l'Ecubillon (Haute-Vienne)

Imprimerie Départementale de l'Oise, 26, Rue de Malherbe, Beauvais

www.ingramcontent.com/pod-product-compliance
Ingram Content Group UK Ltd.
Pitfield, Milton Keynes, MK11 3LW, UK
UKHW022053260726
13993UKWH00001B/78